U0114110

前言

　　随着社会的不断进步和科学技术的持续发展，人工智能这一前沿科技领域正在快速崭露头角，其广泛的应用正在不断渗透进我们日常生活的方方面面。在此背景下，推动人工智能教育的发展已成为当今中国社会的一项重要使命。国务院于 2017 年正式发布了《新一代人工智能发展规划》，明确提出在中小学阶段设置人工智能相关课程，并逐步推广编程教育。

　　随着教育信息化 2.0 行动的深入推进，教育部印发的《高中信息技术课程标准（2017 版）》中，进一步将人工智能、三维创新设计、开源硬件、物联网和大数据处理等新技术纳入信息技术学科的范畴。这一变革性举措将有助于提升我国公民的信息素养和创新能力，培养适应科技快速发展的人才，进一步推动我国在人工智能领域的领先地位。

　　广州中望软件积极响应人工智能教育政策，特别为青少年开发了一款人工智能三维仿真软件——3D One AI。该软件将三维创新设计、人工智能、开源硬件和编程等多个领域的技术融合在一起，同时融入了信息、技术、数学和艺术等多学科的知识，旨在让每个用户都能具备与 AI 沟通的能力，并动手实现他们对未来世界的创想。

　　本书由 4 篇共计 24 课组成，旨在帮助学生全面了解 3D One AI 及其与人工智能的相互关系。学生通过快速学习途径，可以很快熟悉 3D One AI 的界面布局和基本操作；通过实际案例的制作，深入掌握全局属性设置、物体属性设置、受力与速度、关节等工具的设置和使用。同时，本书还详细介绍了软件所提供的各种电子件模型，包括 RGB 灯、舵机、马达、开关、电子显示屏、伺服电机、虚拟摄像头、扬声器、真空吸盘、循迹传感器、距离传感器、力传感器、颜色传感器及位置传感器等，为学生提供了丰富的学习内容。

大部分课程设计中包括学习目标、学习重点、案例介绍、案例制作（程序设计）、分享交流和自我评价等环节，帮助学生了解目标、掌握重点知识、熟悉案例内容、掌握制作过程、梳理所学重点内容并反馈掌握程度。其中，案例制作（程序设计）是最重要的环节，便于让学生了解每个案例的详细制作步骤，掌握3D One AI 工具的使用方法和操作技巧。

为了帮助学生更好地掌握和理解每个环节的知识点，在很多课程中添加了操作小技巧、知识点拨、思考与分享等小栏目。

本书配套资源中包含书中案例的源文件以及案例操作的视频教学文件，读者可以使用微信扫描封底二维码，关注"职场研究社"公众号，发送"63668"后，将获得配套资源下载链接和提取码。将下载链接复制到浏览器中并访问下载页面，即可通过提取码下载配套资源。

感谢 i3D One 青少年三维创意社区的林山、张帆、安文凤、江丽梅、孙小洁、钟嘉怡、钟娴薇等老师，对本书内容结构设计和技术层面提供的支持与帮助。

书中不足之处在所难免，欢迎提出宝贵意见或建议（邮箱：liyongtao@ptpress.com.cn）。

王增福

2023 年 10 月

STEM创新教育系列

轻松玩转
3D One AI

王增福 著

人民邮电出版社

北 京

图书在版编目（CIP）数据

轻松玩转3D One AI / 王增福著. -- 北京 ：人民邮电出版社，2024.3
（STEM创新教育系列）
ISBN 978-7-115-63668-3

Ⅰ．①轻… Ⅱ．①王… Ⅲ．①人工智能 Ⅳ.①TP18

中国国家版本馆CIP数据核字（2024）第024268号

内 容 提 要

广州中望龙腾软件股份有限公司（简称中望软件）开发的 3D One AI 是一款功能强大的三维仿真软件，集成了三维创意设计、人工智能、开源硬件和编程等功能。利用 3D One AI 提供的三维虚拟仿真功能，我们可以快速构建并模拟真实的科技应用场景，将抽象的人工智能知识可视化呈现。

本书以生活中的常见应用场景为案例设计基础，详细介绍 3D One AI 的基本操作及功能，通过案例的制作来引导学生理解和掌握相关的知识点。

学生学习本书，可以掌握 3D One AI 的基本操作和功能，并且能够通过案例的制作来提高自己的实践能力和问题解决能力。同时，本书也注重知识的系统性和连贯性，让学生能够更好地掌握 3D One AI 的完整应用流程。

本书适合作为中小学信息科技社团的人工智能教材，也可作为中小学教师开设人工智能课程的参考用书。

◆ 著　　　　　王增福
　　责任编辑　李永涛
　　责任印制　王　郁　胡　南

◆ 人民邮电出版社出版发行　　北京市丰台区成寿寺路 11 号
　　邮编 100164　　电子邮件 315@ptpress.com.cn
　　网址　https://www.ptpress.com.cn
　　廊坊市印艺阁数字科技有限公司印刷

◆ 开本：700×1000　1/16
　　印张：15　　　　　　　　　2024 年 3 月第 1 版
　　字数：223 千字　　　　　　2024 年 3 月河北第 1 次印刷

定价：79.90 元

读者服务热线：(010)81055410　印装质量热线：(010)81055316
反盗版热线：(010)81055315
广告经营许可证：京东市监广登字 20170147 号

序言

在历史的长河中，科技的发展带来了众多突破。其中，生成式人工智能正在深刻改变我们的学习模式和思维方式。在这个充满变革的时代，我有幸为您介绍一本独具创意的青少年科普教材——《轻松玩转 3D One AI》。

在编写本书的过程中，作者王增福老师展现出了他出色的艺术审美和科创精神。他深刻认识到中小学阶段科技教育的重要性，同时也理解学校在资源方面的有限性。怀着对科技教育的热情和对教育公平的执着追求，王老师精心编写了本书。

我有幸见证了这本书的创作过程，它就像一部时光机，记录了 3D One AI 的逐步进化。王老师从 3D One AI 的 beta 版开始，一直追踪到 2.58 版的发布，其间 3D One AI 不断优化，王老师也不断更新和迭代本书的内容。正是他的坚持不懈，才能为学生呈现崭新的 3D One AI 应用全景。

在这个充满变革的时代，人工智能的快速发展给教育领域带来了前所未有的挑战与机遇。正是这种挑战，促使我们重新审视教育的本质和未来，继而推动教育的创新与变革。本书正是为适应这一时代需求而编写的，旨在帮助学生了解人工智能的最新发展，激发他们对科技的兴趣和创造力。

本书以任务驱动的方式组织内容，由简至难，循序渐进，使学生更容易学习和理解。每个任务都配套完善的场景资源文件，让学生能更好地理解任务场景。通过本书的学习，学生将掌握 3D One AI 的技能，更重要的是，拥有对科技的敬畏之心和对未知的探索之心。

在科技飞速发展的今天，我们对教育有了更高的期许。让我们共同努力，为推动科技与教育的融合，为培养更多的科技创新人才而不懈奋斗，共同迎接未来的挑战。

张帆

中望软件教研总监

目录

第 1 篇　3D One AI 基础

第 2 篇　设置电子件模型之电子件

第 3 篇　设置电子件模型之传感器

第 4 篇 综合实践

第 1 篇　3D One AI 基础

本篇是学习 3D One AI 的基础内容，其中第 1 ～ 2 课介绍 3D One AI 的基本理论和操作方法，旨在让初学者对 3D One AI 有个初步的认识和理解。通过这两课的学习，初学者可以了解 3D One AI 和人工智能之间的关系，并掌握快速学习 3D One AI 的途径。同时，初学者还可以熟悉 3D One AI 的界面布局和基本操作方法。第 3 ～ 5 课为 3D One AI 基础案例部分，本部分内容主要通过简单的案例教学，帮助初学者掌握全局属性设置、物体属性设置、受力与速度、关节等工具的设置与使用方法，并能够编写简单的程序。

本篇课程安排如下图所示。

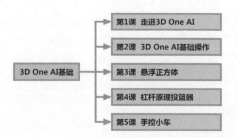

在内容环节设计上，第 1 ～ 2 课主要由学习目标、学习重点、探索新知、分享交流和自我评价 5 部分组成；第 3 ～ 5 课主要由学习目标、学习重点、案例介绍、案例制作、分享交流和自我评价 6 部分组成，如下页图所示。其中，案例制作是内容环节中最重要的，这个环节主要通过步骤讲解的方式，让初学者了解每一个案例的操作过程。

第1课

走进 3D One AI

 **学习目标**

- 知道什么是 3D One AI。
- 了解 3D One AI 的功能。
- 如何快速学习 3D One AI。

学习重点

知道什么是 3D One AI 并了解其功能。

探索新知

1.1 认识 3D One AI

3D One AI 是一款以三维技术和人工智能为导向的仿真软件。它以物理刚体和世界时间的概念为基础，具备强大的三维数据处理与显示能力。用户可以通过编程或界面交互的操作，灵活运用平台的虚拟开源硬件技术与人工智能技术，实现动态仿真人工智能行为并输出三维动画。通过使用 3D One AI，用户可以了解、融入并运用人工智能，通过动手实践综合学习多学科知识。

例如，在第 19 课的颜色分辨器案例中，为了实现分辨不同的颜色，我们运用了编程、虚拟硬件（颜色传感器、电子显示屏）以及人工智能技术（颜色识别技术），通过三维虚拟仿真方式进行呈现，如图 1-1 所示。

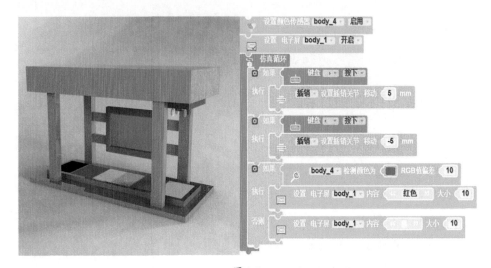

图 1-1

1.2 3D One AI 的功能

借助 3D One AI，我们不仅可以模拟人工智能，通过虚拟仿真技术深入感受人工智能的应用场景，还可以通过编写程序来锻炼逻辑思维能力，进一步提升我们的智力水平，挖掘潜在的智慧。

1. 图像、语音识别

图像识别和语音识别是人工智能领域的两大重要支柱。它们依托计算机科学技术，对图像和语音进行深度分析、识别，从而实现对各类不同模式的目标和对象进行辨识。在 3D One AI 中，图像识别技术和语音识别技术相辅相成，可以精准识别各种文字、图片、声音、条形码等，同时还能利用摄像头和麦克风实现精准的人机互动。例如，通过人脸识别和语音识别技术，用户可以实现对家中门窗、家电开关的控制，如图 1-2 所示。

图 1-2

2．机器学习

机器学习是人工智能领域中的一个重要分支。其主要任务是通过指导计算机从数据中获取知识，并利用这些经验来提高自身的性能，而无须进行明确的编程。在机器学习的过程中，算法会不断地对大型数据集进行训练，以发现其中的模式和相关性，并根据数据分析的结果做出最佳的决策和预测。

3D One AI 的机器学习功能能够让计算机更好地认识世界万物。通过拍摄实物，计算机可以立即学习物品的特征，并将这些特征应用到编程中。例如，在第 15 课的物品分辨器案例中，计算机通过识别物品，如果判断结果是水杯，那么电子显示屏就会显示判断结果"判断正确"和物品名称"水杯"，如图 1-3 所示。

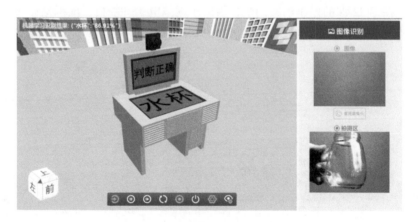

图 1-3

3. 积木、Python 编程

编程是编写计算机程序的简称，旨在让计算机按照特定的指令和规则进行计算，以解决特定问题或完成特定任务。在 3D One AI 中，可以通过积木（图形化）和 Python 两种模式进行编程，并且可以在两种编程模式之间随时切换，以快速验证程序的正确性。通过编程，用户可以控制仿真结果和进行调试，从而确保程序的准确性和可靠性，如图 1-4 所示。

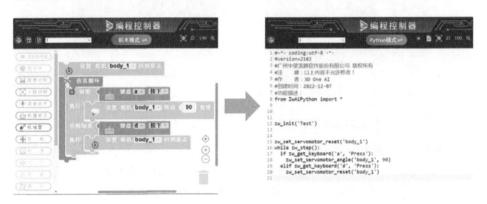

图 1-4

4. 虚拟电子件

3D One AI 通过赋予三维模型电子件属性，能够全面模拟摄像头等真实电子件的搭建过程，包括电子件和传感器等各种电子件模型。用户可以学习、体验和应用各种开源电子件，并通过这些虚拟电子件模拟各种真实电子件搭建场景过程，例如在第 22 课的停车场案例中，借助于虚拟电子件舵机、虚拟摄像头、电子显示屏和距离传感器等采集车辆车牌信息和控制门禁的起落，如图 1-5 所示。

图 1-5

5．虚拟仿真

虚拟仿真是一种能够创建和体验虚拟世界的计算机系统。3D One AI 作为一款三维仿真软件，可以进行智能行为仿真，实现避障、循迹、图像识别等智能行为。3D One AI 可以通过三维动画的形式呈现设计结果，例如在第 16 课的循迹小车案例中，通过循迹传感器控制小车沿着黑色轨迹行驶，如果循迹传感器的左右检测点同时检测到黑色轨迹，小车会停止行驶，如图 1-6 所示。

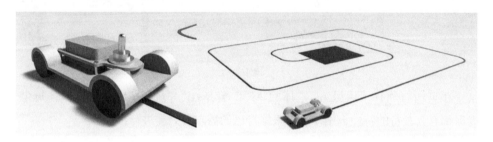

图 1-6

1.3　如何快速学习 3D One AI

在学习 3D One AI 时，若想提升个人能力，并在人工智能领域取得一定成就，需要做好以下几点。

1．多看

多看是指在学习的过程中，应当多观看一些视频教程和教学案例，以便从中学习自身尚未掌握的一些技能。

青少年三维创意社区中有一个名为"人工智能"的模块。该模块包含了丰富的视频教程、课件以及作品源文件等课程资源。这些资源为学习者提供了详尽的人工智能知识和技能学习途径。为了更好地了解和利用这些资源，让我们一起前往社区的官方网站进行深入探究。

1．打开青少年三维创意社区官方网站。

2．单击"专题"/"人工智能"，进入人工智能页面，如图 1-7 所示。

图 1-7

在页面右侧有"认识 AI""体验 AI""学习 AI""玩转 AI"4 个专区，每个专区都有其独特的特性，用户可以根据自己的需求和兴趣进行选择。

- 认识 AI：该专区旨在帮助用户了解人工智能领域的相关知识，如图像识别、语音识别、机器学习、积木编程、Python 编程以及虚拟电子件等模块的内容。并且，每个模块下都提供了相应的推荐学习资料，以帮助用户深入学习，如图 1-8 所示。

图 1-8

- 体验 AI：该专区以玩中学、赢奖励的方式，借助 AI 活动，帮助用户在轻松愉快的氛围中体验 AI 的乐趣。通过设置不同难度的关卡，让用户在挑战中了解和掌握 AI 知识，同时赢得奖励，以激发用户对 AI 学习的兴趣。

为了实现体验 AI 这一目标，需要用户下载并安装 3D One AI。安装完成后，打开 3D One AI，在资源库的"场景专区"中可以找到各种游戏。在玩游戏的过程中，可以查看游戏的源程序。这样，用户可以在娱乐的同时学习每个游戏的编程，如图 1-9 所示。

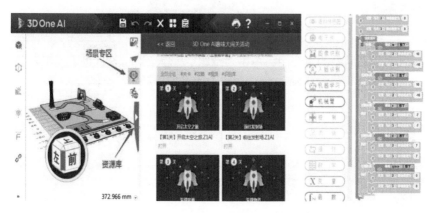

图 1-9

- 学习 AI：该专区提供全面的学习支持，包括热门推荐、官方入门和教学课程等多种学习资源，如图 1-10 所示。

图 1-10

这些课程是由官方和一线教师编写及录制的优质学习资源，既可在线观看，也可选择下载。

- 玩转 AI：该专区供用户参加比赛来展示自己的实力，如图 1-11 所示。

图 1-11

在浏览社区官方网站的过程中，单击"专题"/"人工智能"，进入人工智能页面，单击"玩转 AI"就会跳到"成果大赛"栏目，如图 1-12 所示。

图 1-12

在这里我们可以查看各种赛项活动，如果想查看更多的 AI 大赛，可以单击"参加更多 AI 大赛"。我们可以查看"教育部白名单竞赛"，还可以查看"全国大赛""省市区赛""官方大赛"，如图 1-13 所示。

图 1-13

2. 多思考

从搭建场景中的模型，到物体属性设置、电子件模型设置，再到程序编写和仿真测试，思考贯穿于 3D One AI 制作的整个过程。在设计过程中，好的项目离不开好的想法和制作思路，这些想法和思路都来自于思考。例如，在定点停车案例的设计过程中，我们可以遵循表 1-1 所示的设计思路。

表 1-1　定点停车设计思路

设计思路	说明
明确任务	小车沿着黑色轨迹行驶，到达白色终点后停止行驶
创建模型	
分析问题	小车如何沿黑色轨迹行驶 如何让小车到达白色终点后停止行驶
解决问题	通过灰度传感器检测黑色轨迹 通过颜色传感器检测白色终点
程序编写思路	如果灰度传感器没有检测到黑色时，小车沿黑色轨迹行驶；如果灰度传感器左边检测到黑色，小车向左旋转 5°；如果灰度传感器右边检测到黑色，小车向右旋转 5°；如果颜色传感器检测到白色，小车停止行驶
设计制作	

3. 多做

俗话说熟能生巧，是指通过不断的实践和积累经验，能够掌握技巧或找到窍门。学习 3D One AI 也一样：只有多做，才能驾驭 3D One AI 工具的使用；只有多做，才能熟练掌握 3D One AI 的使用方法和技巧；只有多做，才能培养我们的逻辑思维能力；只有多做，才能提高我们的水平；只有多做，才能创作出优秀的 3D One AI 作品。

通过本课的学习，我们知道了什么是 3D One AI，了解了 3D One AI 的功能以及快速学习 3D One AI 的方法和技巧。

说一说你计划怎样学习 3D One AI，对于学习 3D One AI 你还有哪些方法和建议？

自我评价

根据本课所讲内容的掌握情况，在表 1-2 中相应的"优秀""良好""待提高"位置画√。

表 1-2　评价表

评价内容	优秀	良好	待提高
能够认识 3D One AI，理解 3D One AI 的相关概念			
知道 3D One AI 的功能			
掌握快速学习 3D One AI 的方法			
整理出自己学习 3D One AI 的方案，并且与大家分享			

第 2 课

3D One AI 基础操作

学习目标

- 能够下载和安装 3D One AI。
- 学会启动 3D One AI。
- 认识 3D One AI 工作界面。
- 掌握 3D One AI 工作界面的基本操作。

学习重点

认识 3D One AI 的工作界面布局，掌握 3D One AI 工作界面的基本操作。

探索新知

要学习好 3D One AI，首先要了解 3D One AI 的工作界面布局和工作界面的基本操作。

2.1 3D One AI 的下载与安装

1. 下载软件

1. 打开青少年三维创意设计社区官方网站。
2. 单击"软件"/"3D One AI"，如图 2-1 所示。

图 2-1

3. 进入下载页面，单击"立即下载"按钮，根据自身计算机的配置选择相应的软件，单击"马上下载"按钮，如图 2-2 所示。

图 2-2

2. 安装软件

1. 双击下载的 3D One AI 安装包，如图 2-3 所示。

3DOneAI_2.4_C hs_Win_64bit_B eta.exe

图 2-3

2. 单击"自定义安装"按钮，选择安装路径后单击"立即安装"按钮，如图 2-4 所示。

图 2-4

3. 安装成功后，单击"立即体验"按钮或者关闭安装界面，如图 2-5 所示。

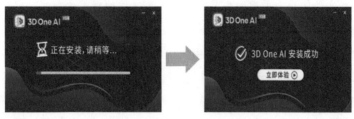

图 2-5

2.2　认识 3D One AI 的工作界面

双击桌面上的 3D One AI 快捷启动图标 ，即可启动 3D One AI。

> 启动 3D One AI，注意观察 3D One AI 的工作界面与 3D One 的工作界面有何异同。

作为初学者，熟悉 3D One AI 的工作界面是学习该软件的基本前提。3D One AI 的工作界面布局与 3D One 的工作界面布局基本一致，具有简洁的操作界面、合理的布局以及易于查找的功能。软件操作简单，易于上手。

3D One AI 的工作界面如图 2-6 所示，下面介绍常用部分的功能。

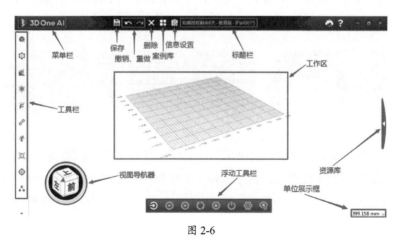

图 2-6

- **菜单栏：** 菜单栏位于工作界面的左上角，提供了新建、打开、导入、导入 Obj、文件保存、另存为、导出以及锁定文件配置等命令。
- **快捷按钮：** 工作界面上方设有快捷按钮，以便用户快速执行操作。这些快捷按钮主要提供保存、撤销／重做、删除、案例库和信息设置等功能。
- **工具栏：** 工具栏位于工作界面的左侧，包含基本编辑、全局属性设置、物体属性设置、边界、受力与速度、关节、设置控制器、设置电子件模型、设置第一人称视角、组、连线、全局属性和匹配模型 13 种工具。
- **工作区：** 在工作界面中，带有平面网格背景的区域被称为工作区，该区域主要用于显示所构建的场景或创建的模型。
- **视图导航器：** 视图导航器包含 26 个不同的面，用于向用户展示当前模型的视角。用户可以通过单击任意一个面来实现对视角的操作。
- **浮动工具栏：** 该工具栏主要用于仿真验证操作，提供进入仿真环境、启动仿真、单步仿真、重置仿真、视频录制、退出仿真环境、显示设置以及设置第一人称视角等功能。
- **资源库：** 资源库位于工作界面右侧，是 3D One AI 为用户提供的各种学习、操作和存储等资源。这些资源主要包括视觉样式、社区管理、模型库、场景专区、编程建模、编程设置属性和编程设置控制器等。

2.3 查看视图

视图是指从三维空间中的不同视点方向观察到的三维模型，这意味着在工作界面上可以从上、下、左、右、前、后等不同的角度观察模型，如图 2-7 所示。

图 2-7

在 3D One AI 中，为了方便浏览视图，用户可以使用视图导航器进行查看。视图导航器是一个集视图方向展示和操控于一体的导航图标。该图标由 26 个面组成，单击其中一个面，视图将立即调整为正对该面所处的位置。在视图导航器的周围有"小房子"图标和上下左右翻转箭头等，如图 2-8 所示。

图 2-8

操作小技巧

常用快捷键的主要功能如下。

（1）Ctrl+Home：自动对齐视图。

（2）Ctrl+↑：切换到上视图；Ctrl+↓：切换到前视图；Ctrl+←：切换到左视图；Ctrl+→：切换到右视图。

（3）4 个方向键：按住方向键，可以调整视角。

2.4　鼠标的使用

在 3D One AI 的基本操作中，除了使用视图导航器来浏览视图之外，鼠标在查看视图和控制视角方面也起着至关重要的作用（见图 2-9）。其主要功能包括控制视角的缩放、平移和旋转，以及选择命令、工具或选取模型。鼠标的具体操作方法如表 2-1 所示。

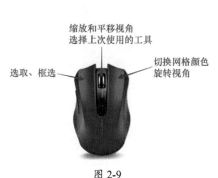

图 2-9

表 2-1　鼠标的具体操作方法

按键	功能
左键	单击左键可以选择命令、工具或选取模型 按住左键并拖动鼠标可以框选工作区内的模型
滚轮	向上滚动滚轮放大视角（工作区），向下滚动滚轮缩小视角（工作区） 按住滚轮并拖动鼠标可平移视角（工作区） 单击滚轮可以选择上一次使用的工具
右键	在网格面上单击右键可选择网格颜色 按住右键并拖动鼠标可以旋转视角

分享交流

　　掌握基础操作是学习 3D One AI 的必备技能，只有熟悉了基础操作，我们才能在今后的学习过程中深入理解和应用 3D One AI。本课我们学习了如何下载和安装 3D One AI，熟悉了它的工作界面布局，并掌握了查看视图和使用鼠标的方法。

思考与分享

　　（1）在查看视图的过程中，进入仿真环境，注意观察仿真环境中的视图导航器与工作界面中的视图导航器有什么区别。

　　（2）单击"资源库"/"模型库"/"车子"/"智能车"，将智能车车轮插入工作区，然后再依次将各自的零件装配到智能车指定的位置，分享你是怎样将零件装配到智能车底盘上的，在装配过程中，你是怎样操作的，具体操作流程如图 2-10 所示。

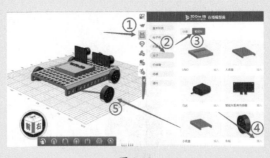

图 2-10

操作时注意，单击"插入"后，将鼠标指针移到工作区，会发现插入的零件与底盘之间有红线连接，此时单击，零部件就会自动装配到底盘指定的位置。

根据本课所讲内容的掌握情况，在表 2-2 中相应的"优秀""良好""待提高"位置画√。

表 2-2　评价表

评价内容	优秀	良好	待提高
能够下载和安装 3D One AI			
能够启动 3D One AI			
知道 3D One AI 的工作界面布局			
了解视图导航器在 3D One AI 操作中的作用			
熟练运用鼠标控制 3D One AI 工作界面的基本操作			

第 3 课

悬浮正方体

学习目标

- 了解太空悬浮原理。
- 理解重力的概念。
- 认识"全局属性设置"工具 ⬡，明白不同的空间环境会导致空间中物体的重力产生变化。
- 能够多利用"太空"空间制作一个悬浮正方体。

学习重点

通过对太空悬浮原理的理解，可以运用"全局属性设置"工具 ⬡ 模拟太空环境下的正方体悬浮状态。

案例介绍

每当夜幕降临，我们抬头仰望天空，可以看到闪烁的星星。这些星体悬浮在空中，给人以神秘的感觉。那么，这些星体为什么不会坠落呢？通过本课的"悬浮正方体"模拟，我们可以揭示太空星体悬浮的秘密。图 3-1 展示了这一模拟场景。

图 3-1

任务描述：启动仿真，使正方体在空中呈现悬浮并动态移动的状态。

知识点拨

　　在宇宙空间中，星球之所以能保持悬浮状态，是由万有引力作用的结果。万有引力使每个星球被其母星所吸引，并保持一种平衡状态，使星球既不会坠落到母星表面，也不会脱离母星系。通常，在悬浮的星系中，存在两种作用力，一种是惯性产生的离心力，另一种是母星引力产生的向心力。这两种力相互作用，使星球能够持续围绕母星旋转，并呈现出悬浮状态，如图 3-2 所示。

图 3-2

3.1 绘制正方体

如图 3-3 所示，参考以下步骤进行操作。

1. 打开资源库，单击"编程建模"按钮。

2. 在"编程建模"面板中找到并单击"基本实体"指令模块。

3. 在"基本实体"指令模块中找到并单击"长方体"积木。

4. 使用"长方体"积木，在坐标（0,0,100）处创建一个长宽高各为"10"（默认单位为 mm）的正方体。

5. 创建完成后单击"运行"按钮。

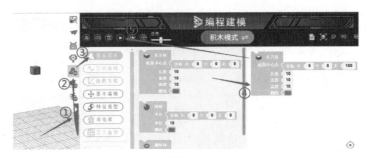

图 3-3

3.2 全局属性设置

单击工具栏中的"全局属性设置"按钮，在打开的"全局属性设置"对话框中将"世界"设置为"太空"，如图 3-4 所示。

图 3-4

（1）全局属性设置。

在"全局属性设置"对话框中，"世界"属性用于模拟仿真环境，匹配了该环境下的一些参数信息，如表 3-1 所示。

表 3-1　"世界"属性模拟仿真环境参数

"世界"属性名称	重力参数
地球	−9.80N/kg
月球	−1.63N/kg
太空	0N/kg
火星	−3.72N/kg

改变"世界"属性，一些默认参数也相应地改变。范围从负无穷大到正无穷大，负号代表重力方向垂直地面方向向下，正号代表重力方向垂直地面方向向上。

（2）重力。

受地球的吸引而使物体受到的力被定义为重力。重力的施力物体是地球，其方向始终是垂直向下。重力的大小与物体的质量成正比，并通过以下公式计算：$G=mg$。其中，g 是比例系数，约为 9.8N/kg。值得注意的是，重力的强度会随着纬度的变化而变化。对于质量为 1kg 的物体，其受到的重力大小为 9.8N。此外，我们通常将重力作用于物体的中心点称为重心，如图 3-5 所示。

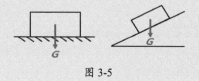

图 3-5

3.3　程序设计

为了使构建的正方体在仿真环境中呈现出悬浮的动态效果，需要为其编写相应的程序。为此，我们需要深入了解和认识所使用的积木，如表 3-2 所示。

表 3-2 悬浮正方体所用积木

指令模块	积木	积木介绍
控 制	body_1 沿直线移动 向前 速度为 10 cm/s	物体以每秒多少厘米的速度沿着直线向前或向后运动
	body_1 旋转物体 向左 旋转 5 度	物体向左或向右旋转多少度
	等待 0 秒	等待秒数，多用于两个运动积木中间

1. 打开资源库，单击"编程设置控制器"按钮 ，如图 3-6 所示。

图 3-6

2. 使用"控制"指令模块中的 无实体 沿直线移动 向前 速度为 10 cm/s 、 等待 0 秒 和 无实体 旋转物体 向左 旋转 5 度 积木，编写正方体以 10cm/s 的速度沿直线向前移动，等待 0.1 秒后再向左转 1°，然后悬浮的程序，如图 3-7 所示。

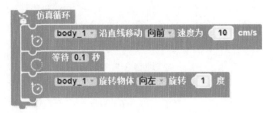

图 3-7

3.4 设置天空样式

进入仿真环境，单击浮动工具栏中的"显示设置"按钮⚙，在弹出的"显示设置"面板中将"天空主题"设置为"黑夜"，如图 3-8 所示。

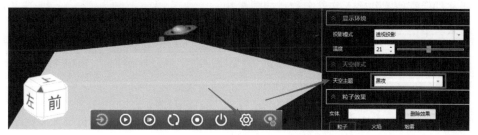

图 3-8

知识点拨

　　单击浮动工具栏中的"显示设置"按钮⚙，在仿真界面右侧弹出"显示设置"面板，这时就可以根据仿真模拟的需要对"显示环境""天空样式""粒子效果"进行设置，设置完毕后再次单击"显示设置"按钮⚙，将隐藏"显示设置"面板。

3.5 仿真测试

单击浮动工具栏中的"启动仿真"按钮▶，验证正方体是否呈悬浮状态，如图 3-9 所示。

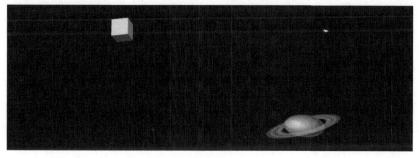

图 3-9

3.6 文件保存

选择主菜单中的"文件保存"或"另存为"命令,在弹出的"另存为"对话框中选择文件保存位置并输入文件名称,如图 3-10 所示,单击"保存"按钮。

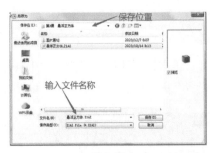

图 3-10

在 3D One AI 中,我们可以通过"全局属性设置"工具 ⚙,将"世界"属性设置为"太空"来模拟在太空环境中的无重力状态,即重力为 0 的情况。在这种情况下,物体会呈现出悬浮在空中的现象。通过本课的学习,我们深入了解了星体在太空环境中无重力状态下的漂浮原理,并掌握了"全局属性设置"工具 ⚙ 的使用方法。同时,我们也认识到不同的"世界"属性会对物体所承受的重力产生不同的影响。

思考与分享

请同学们打开 3D One AI,使用"编程建模" 🛠 工具在坐标(0,0,100)处创建一个半径为 10 的球体,如图 3-11 所示。

图 3-11

(1)将"全局属性设置"对话框中的"世界"属性依次改为"地球""月球""火星",然后进入仿真环境,启动仿真,你会发现哪些现象?

(2)如果将地球、月球和火星的重力参数改为正数的话,在仿真过程中又有哪些现象呢?

自我评价

　　根据本课所讲内容的掌握情况，在表 3-3 中相应的"优秀""良好""待提高"位置画√。

表 3-3　评价表

评价内容	优秀	良好	待提高
认识"全局属性设置"工具 ⬡			
在 3D One AI 中能够仿真模拟正方体悬浮			
通过改变"全局属性设置"对话框中的"世界"属性，观察球体有何变化			
了解太空悬浮的原理			

第 4 课

杠杆原理投篮器

学习目标

- 了解杠杆原理。
- 认识"物体属性设置"工具 🎬 和"关节" 🔗 工具，并且能够对杠杆原理投篮器进行物体属性设置和关节设置。
- 认识"逻辑"指令模块中的 积木、"控制"指令模块中的 积木和"物理"指令模块中的 积木，并且编写杠杆原理投篮器的投篮程序。
- 知道什么是力矩。
- 进入仿真环境，启动仿真，验证能否将方块投入网兜中。

学习重点

通过"物理"指令模块中的 积木，完成杠杆原理投篮器的投篮任务。

案例介绍

图 4-1 所示是一款名为杠杆原理投篮器的玩具，其设计旨在模拟篮球运动员的投篮动作。在投篮过程中，用户通过对投篮器的一端施加压力，使另一端的球

筐中的方块成功投入蓝色的网兜内。该玩具主要由支架、篮板、网兜、杠杆和球框 5 部分组成。

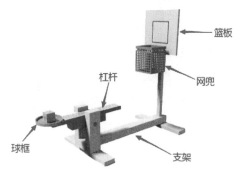

图 4-1

　　任务描述：进入仿真环境，启动仿真，如果 Enter 键被按下，杠杆原理投篮器开始投篮，将球框中的方块投入网兜中。

　　阿基米德曾有一句颇具影响力的名言："给我一个支点，我就能撬动整个地球"。他所提及的，正是杠杆原理。杠杆作为一种工具，以其固定支点为中心，在施力作用下可进行旋转，从而轻易达到预设目标。

　　值得注意的是，杠杆的支点并非必须处于中间位置，任何满足支点、施力点、受力点构成的系统均可视为杠杆系统。根据杠杆所受作用的不同，可细分为支点、动力、阻力、动力臂及阻力臂 5 部分，如图 4-2 所示。

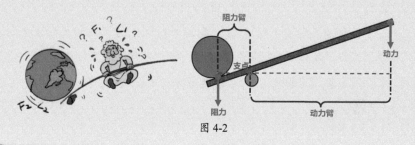

图 4-2

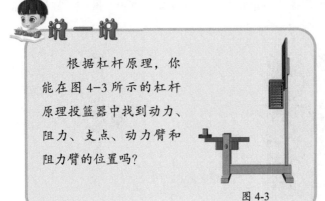

说一说

根据杠杆原理，你能在图 4-3 所示的杠杆原理投篮器中找到动力、阻力、支点、动力臂和阻力臂的位置吗？

任务描述：启动仿真，球框的另一端受力，将方块投入网兜内。

图 4-3

案例制作

4.1 物体属性设置

1. 启动 3D One AI，打开"杠杆原理投篮器 .Z1"文件，如图 4-4 所示。

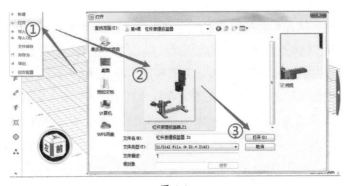

图 4-4

2. 选中杠杆原理投篮器的支架，单击工具栏中的"物体属性设置"按钮 ，弹出"物体属性设置"对话框，将"名称"设置为"支架"，将"质量"设置为"5.000kg"，将"弹性系数"设置为"0.000"，如图 4-5 所示，单击 按钮。

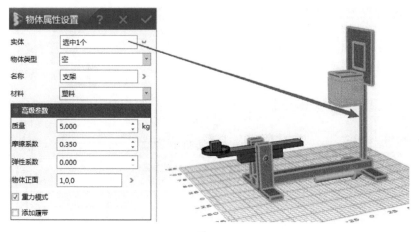

图 4-5

3. 选中杠杆原理投篮器的杠杆，单击工具栏中的"物体属性设置"按钮
   ，弹出"物体属性设置"对话框，将"名称"设置为"杠杆"，将"质
   量"设置为"0.100kg"，将"弹性系数"设置为"0.000"，如图 4-6 所示，
   单击 按钮。

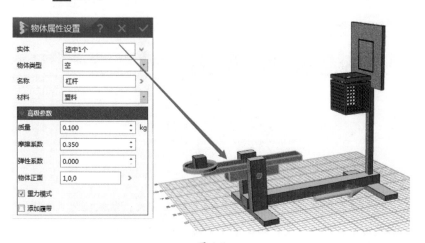

图 4-6

4. 选中杠杆原理投篮器的方块，单击工具栏中的"物体属性设置"按钮
   ，弹出"物体属性设置"对话框，将"名称"设置为"方块"，将"质
   量"设置为"0.001kg"，将"弹性系数"设置为"0.000"，如图 4-7 所示，
   单击 按钮。

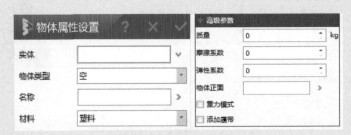

图 4-7

知识点拨

　　单击工具栏中的"物体属性设置"按钮🖱，选择实体后，可以设置物体类型、名称及材料。不同的材料选择会导致实体的一些默认参数发生变化，如图 4-8 所示。

图 4-8

　　（1）质量。质量的取值范围为 0 到正无穷大，默认值为 0.001kg。通过调整质量也可以调整物体在仿真运动中的稳定性。

　　（2）弹性系数。弹性系数的取值范围为 0 ~ 1，默认值为 0.5。弹性系数越大，两物体碰撞时弹跳的幅度就越大；弹性系数越小，两物体碰撞时弹跳的幅度就越小。

4.2 设置关节

按照以下步骤设置杠杆的关节，如图 4-9 所示。

1. 单击工具栏"关节"工具组 中的"智能关节"按钮 。

2. 在弹出的"智能关节"对话框中，将"移动体轴"设置为杠杆轴底面，将"基体轴"设置为支架。

3. 将"移动体点"和"基体点"设置为杠杆轴底面中心。

4. 将"关节类型"设置为"合页关节"，单击 按钮。

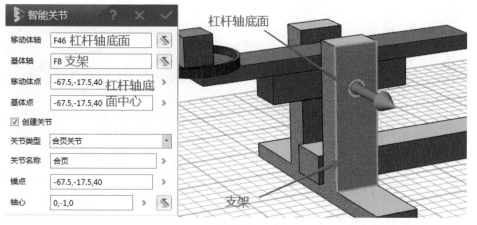

图 4-9

按照以下步骤进行物体属性设置，如图 4-10 所示。

1. 单击工具栏下方的"工具栏折叠"按钮 ，将工具栏展开。

2. 在展开的工具栏中，找到并单击"全局属性"按钮 。

3. 在弹出的"全局属性"对话框中，选择"杠杆"选项。

4. 在"杠杆"面板中选择"关节属性"选项卡。单击"修改"按钮 ，进入"关节设置"对话框。

5. 在"关节设置"对话框中将"关节紧度"设置为"0.020"，单击 按钮。

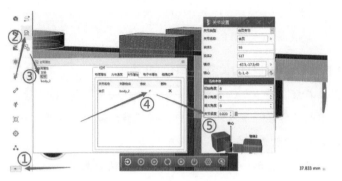

图 4-10

关节是模型与模型之间的一种关联与约束机制。单击工具栏中的"关节"组按钮，可以发现两个子选项，分别是"智能关节"和"关节设置"。

智能关节允许用户在对两个物体的轴向以及移动点进行对齐的过程中，同时进行关节配置。智能关节的自动生成功能主要针对简单常用的关节类型，如合页关节、活塞关节、球窝关节、插销关节和成组等。用户也可以选择不生成关节，仅移动模型，如图 4-11 所示。

图 4-11

注意：（1）移动体轴是指模型中以基体轴为中心进行活动的轴体，而基体轴是指模型中固定不动的轴体。这两者之间存在约束与被约束的关系。（2）移动体点是指移动体轴横截面的中心点，基体点则是指基体轴横截面的中心点。为保持移动体轴围绕基体轴中心旋转，一般情况下，这两个中心点是重合的。（3）锚点是指移动体轴与基体轴之间关节设置的连接点，通常位于轴心的中心。（4）轴心是指设置合页关节的轴心方向。

4.3　程序设计

　　杠杆原理投篮器是利用物理学中的杠杆原理设计的，为了实现自动投篮，需要使用表 4-1 所示的积木并编写程序。

表 4-1　杠杆原理投篮器所用积木

指令模块	积木	积木介绍
控　制	键盘 Enter 按下	按下键盘中的字母键、方向键、空格键、Enter 键或其他按键
物　理	重置 无实体 力矩 方向为 X: 1 Y: 0 Z: 0 值为 20 N·m	重置物体力矩方向与大小
逻　辑	如果 执行	条件判断语句

　　投篮器是利用杠杆原理将球框中的方块投到投篮器的网兜中。为了实现这种投篮效果，我们使用"逻辑"指令模块中的 积木、"控制"指令模块中的 键盘 Enter 按下 积木和"物理"指令模块中的 重置 无实体 力矩 方向为 X: 1 Y: 0 Z: 0 值为 20 N·m 积木，编写图 4-12 所示的程序。

图 4-12

　　　力矩是力（F）和力臂（L）的乘积（M），即 $M=F×L$。力矩是用来描述物体转动效果的物理量，当物体的转动状态发生变化时，可以肯定的是，该物体受到了力矩的作用。在国际单位制中，力矩的单位是"牛顿·米"，即 N·m。

4.4 仿真测试

调整视角，单击浮动工具栏中的"进入仿真环境"按钮 ↪，然后单击"启动仿真"按钮 ◉，测试一下能否将方块投入网兜中，如图 4-13 所示。

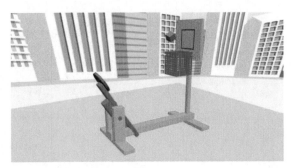

图 4-13

操作提示

仿真测试时，长按 Enter 键 1 ～ 2 秒，此时方块会在力的作用下被投进网兜。

分享交流

杠杆原理在我们的生活中起着至关重要的作用，合理运用杠杆原理，可以提高效率，优化资源配置。通过本课的学习，我们深入了解了杠杆的工作原理，并学会了使用物体属性设置和关节等工具装配杠杆原理投篮器，借助"物理"指令模块中的 设置 无实体 力矩 方向为 X: 1 Y: 0 Z: 0 设为 20 N·mm 积木，完成杠杆原理投篮器的投篮任务。

思考与分享

应用杠杆原理，我们可以解释许多日常现象。例如，为什么钳子能够轻松地剪断铁丝，为什么锤子能够轻松地将钉子从木板中拔出。

根据本课所讲内容的掌握情况，在表 4-2 中相应的"优秀""良好""待提高"位置画√。

表 4-2　评价表

评价内容	优秀	良好	待提高
知道什么是杠杆原理			
学会使用物体属性设置工具和关节			
认识"逻辑"指令模块中的 ![]积木、"控制"指令模块中的 ![]积木和"物理"指令模块中的 ![]积木，并且编写杠杆原理投篮器投篮程序			
能够简单描述力矩的概念			
能够通过仿真去检测杠杆原理投篮器能否将方块投入网兜，并能对检测的问题进行修改			
能说出生活中应用杠杆原理的物品			

第5课

手控小车

- 认识"编程控制器"面板"控制"指令模块中的 积木和"逻辑"指令模块中的 积木。
- 会编写利用键盘中的 W、S、A 和 D 按键控制手控小车移动的程序。
- 仿真测试时，能够将不同颜色的资源推送到指定区域。

学习重点

学会编写手控小车程序，并且能够通过手控小车完成指定的任务。

案例介绍

利用键盘上的 W、S、A 和 D 按键来模拟遥控控制小车方向的方法，从而使小车能够自由行驶。本案例主要由小车和场地两大部分组成。场地包括 4 个不同颜色的物资和 4 个与之相对应的物资存放区，具体布局如图 5-1 所示。

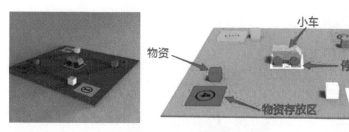

图 5-1

任务描述：使用键盘操控小车从停车区出发，将 4 种不同颜色的物资依次推送到 4 个特定颜色区域，随后返回停车区。

案例制作

5.1 物体属性设置

1. 启动 3D One AI，打开"手控小车.Z1"文件，如图 5-2 所示。

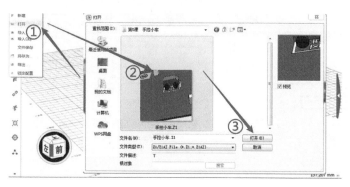

图 5-2

2. 选中场地，单击工具栏中的"物体属性设置"按钮 🖼，在弹出的"物体属性设置"对话框中，将"物体类型"设置为"地形"，将"弹性系数"设置为"0"，如图 5-3 所示，单击 ✔ 按钮。

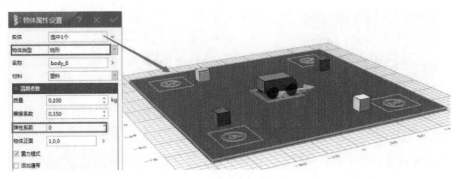

图 5-3

3. 选中车身，单击工具栏中的"物体属性设置"按钮 ，在弹出的"物体属性设置"对话框中，将"名称"设置为"车身"，将"物体正面"设置为"1,0,0"，如图5-4所示，单击 ✓ 按钮。

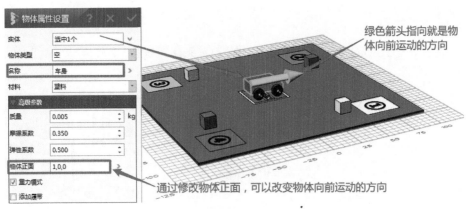

绿色箭头指向就是物体向前运动的方向

通过修改物体正面，可以改变物体向前运动的方向

图 5-4

知识点拨

在"物体属性设置"对话框中，"物体正面"指的是物体向前运动的方向。通过调整这一参数，我们可以改变物体在向前运动时的方向，该操作是借助物体的边缘来实现的，如图5-5所示。

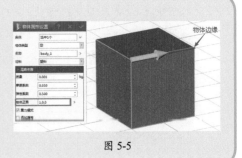

图 5-5

4. 框选 4 个车轮，单击工具栏中的"物体属性设置"按钮，在弹出的"物体属性设置"对话框中，将"弹性系数"设置为"0"，如图 5-6 所示，单击按钮。

图 5-6

5. 框选 4 个方块，单击工具栏中的"物体属性设置"按钮，在弹出的"物体属性设置"对话框中，将"质量"设置为"0.001kg"，将弹性系数设置为"0"，如图 5-7 所示，单击按钮。

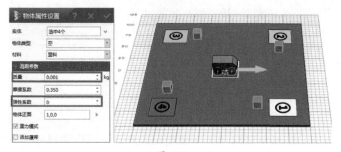

图 5-7

5.2 设置关节

首先为一个车轮设置关节，如图 5-8 所示，具体步骤如下。

1. 单击工具栏"关节"组中的"智能关节"按钮。
2. 在弹出的"智能关节"对话框中，将"移动体轴"设置为车轮圆形面，将"基体轴"设置为车身。
3. 将"移动体点"和"基体点"设置为车轮圆形面的圆心。
4. 将"关节类型"设置为"合页关节"。
5. 单击按钮完成设置。

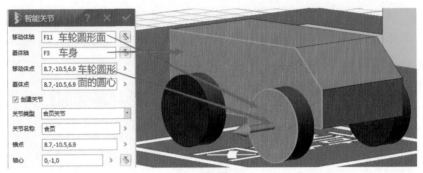

图 5-8

使用同样的方法，依次为其他 3 个车轮设置关节，如图 5-9 所示。

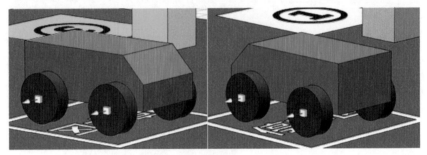

图 5-9

5.3 程序设计

为了利用按键控制小车移动，并实现人机互动，可以通过表 5-1 中的积木编写程序来实现。

表 5-1　手控小车所用积木

指令模块	积木	积木介绍
逻　辑	如果 执行	条件判断语句，如果满足条件，就执行其内部的代码
控　制	键盘 Enter 按下	某个按键按下，一般情况下与"如果……执行……"积木配合使用
	无实体 沿直线移动 向前 速度为 10 cm/s	物体沿直线向前移动
	无实体 旋转物体 向左 旋转 5 度	物体向左/右旋转

1. 打开资源库，单击"编程设置控制器"按钮 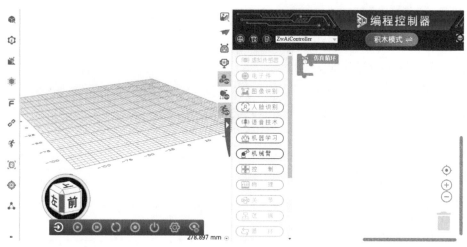，如图 5-10 所示。

图 5-10

2. 通过操作键盘按键，可实现对小车行驶和转弯的控制，见表 5-2。

表 5-2　手控小车键盘按键

按键名称	控制方向	按键名称	控制方向
W	向前	S	向后
A	左转	D	右转

3. 根据表 5-2 编写手控小车程序，如图 5-11 所示。注意单击"程序保存"按钮 保存程序。

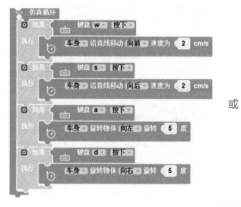
或
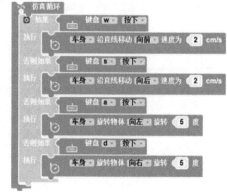

图 5-11

"如果……执行……"积木说明及操作如图 5-12 所示。

注意：这里的"节"指的是"否则如果"和"否则"积木。

"如果……执行……"积木用于条件判断，在使用过程中可以通过积木内置的"设置"按钮重新配置"如果……执行……否则如果……执行……"和"如果……执行……否则……"两种 if 语句块，如图 5-13 所示。

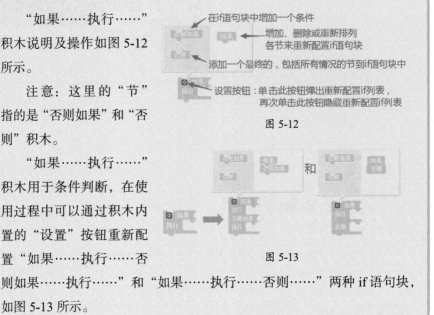

图 5-12

图 5-13

5.4 仿真测试

调整视角，单击浮动工具栏中的"进入仿真环境"按钮，然后单击"启动仿真"按钮，测试能否利用键盘中的 W、S、A 和 D 键控制小车前进、后退和转弯，能否将不同颜色物资推送到相应区域，小车能否停到停车区，如图 5-14 所示。

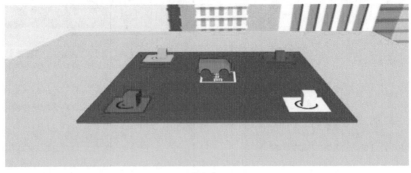

图 5-14

分享交流

经过手控小车这一课的学习，我们掌握了通过键盘按键来控制小车行驶和转弯的方法，实现了人机交互的功能。在本课中，我们了解了手控小车场地的组成，并学会了运用  和  积木编写能够利用键盘控制小车行驶方向的程序。此外，我们还掌握了 积木重新配置 if 语句块的方法，以便根据不同的环境参数对小车的行驶方向进行灵活调整。

思考与分享

想一想：有没有更好的方法来控制小车的行驶方向，根据自己的程序设计思路，编写控制小车行驶方向的程序。

自我评价

根据本课所讲内容的掌握情况，在表 5-3 中相应的"优秀""良好""待提高"位置画√。

表 5-3　评价表

评价内容	优秀	良好	待提高
认识"逻辑"指令模块中的 积木和"控制"指令模块中的 键盘 Enter 按下 积木			
掌握使用 积木重新配置 if 语句块的方法			
能够运用 和 键盘 Enter 按下 积木编写控制小车前进、后退和转弯的程序			
在仿真测试中完成推送物资到指定区域和小车返回停车区等两个任务			

第2篇　设置电子件模型之电子件

设置电子件模型的主要目的是为控制器编程提供服务。3D One AI 会检测当前文件是否存在电子件作为控制编程的对象。如果用户没有设置电子件或者没有从模型库中插入电子件，那么在进入控制器编程积木块时，软件会提示用户没有电子件。为了在虚拟环境中真正体验人工智能的魅力，3D One AI 精心设置了两类虚拟的电子件模型，即电子件和传感器。

本篇将详细介绍 3D One AI 提供的电子件模型，包括"设置电子件模型"对话框中的 RGB 灯、舵机、马达、开关、虚拟摄像头、伺服电机、电子显示屏、扬声器和真空吸盘等，以及"编程控制器"面板"机器学习"指令模块中的电脑摄像头，并阐述它们的使用方法。同时，本篇还将根据案例内容，深入讲解相关程序设计的原理和应用。

本篇课程安排如下图所示。

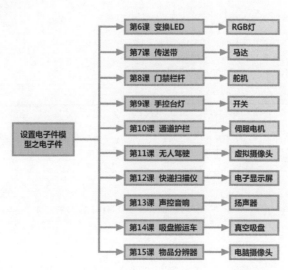

本篇在内容环节设计上与第 1 篇的类似，如下图所示，其中案例制作是内容环节中最重要的，这个环节主要是通过步骤讲解的方式，让初学者了解每个案例的设计过程。

第6课

变换 LED

- 知道什么是 LED。
- 认识 RGB 灯电子件模型，并掌握 RGB 灯电子件模型的设置方法。
- 能够使用  和 ▨ 设置 RGB灯 无电子件 ▨ 积木控制 LED 的点亮和熄灭。
- 利用  和 ▨ 设置 RGB灯 无电子件 ▨ 积木编写显示方向箭头的程序。
- 进入仿真系统进行验证和修改。

　　能够利用 ▨ 设置 RGB灯 无电子件 亮起 ▨ 和 ▨ 设置 RGB灯 无电子件 ▨ 积木编写变换 LED 显示的程序。

　　LED（Light Emitting Diode，发光二极管），是一种能够将电能高效地转化为可见光的固态半导体器件。该器件能直接将电能转化为光能，无须额外的转换过程。利用对多个 LED 进行点亮和熄灭的组合控制，便能创造出多种多样的图形交替变换效果，如图 6-1 所示。

图 6-1

任务描述：启动仿真程序，通过键盘上的方向键（↑、↓、←、→）来控制 LED 以对应的方向显示简单的图形。

案例制作

6.1 物体属性设置

1. 启动 3D One AI，打开"变换 LED.Z1"文件，如图 6-2 所示。

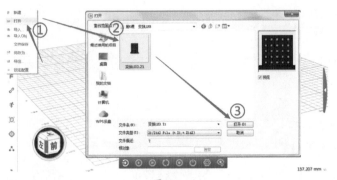

图 6-2

2. 选中左上角的 LED，单击工具栏中的"物体属性设置"按钮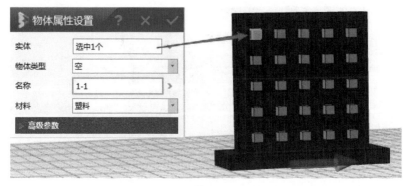，在弹出的"物体属性设置"对话框中，将"名称"更改为"1-1"，如图 6-3 所示，单击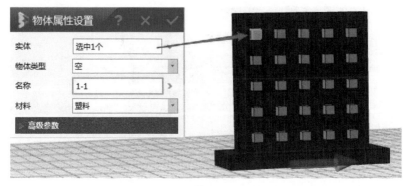按钮。

图 6-3

3. 根据图 6-4 中标识的 LED 名称，使用"物体属性设置"工具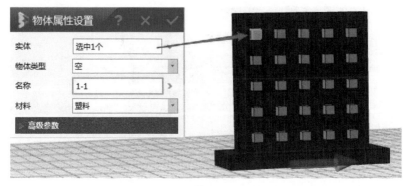修改剩余的 LED 名称。

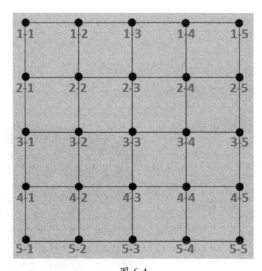

图 6-4

注意：对 25 个 LED 修改名称，目的是在编写简单的图形程序时，容易找到相对应的点。

6.2 成组固定

使用工具栏中"组"工具组🍀中的"成组固定"工具🍀对灯板和 25 个 LED 进行成组固定，如图 6-5 所示，单击■按钮。

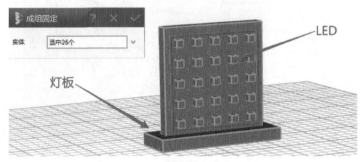

图 6-5

6.3 设置电子件模型

1. 单击工具栏中的"设置电子件模型"按钮🗂，在弹出的"设置电子件模型"对话框中，将"电子件类型"设置为"RGB 灯"，将"电子件"设置为"S33"，即左上角的 LED，"打开颜色"和"关闭颜色"采用默认设置，如图 6-6 所示，单击■按钮。

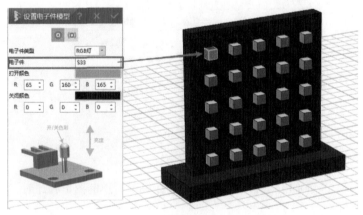

图 6-6

2. 使用相同的方法为其他的 LED 设置电子件模型。

6.4　程序设计

为 LED 设置"RGB 灯"电子件模型后，要想通过控制 LED 的点亮或熄灭，变换图形和灯光颜色，需要使用表 6-1 所示的积木。

表 6-1　变换 LED 所用积木

指令模块	积木	说明
电子件	设置 RGB灯 无电子件 亮起	点亮或熄灭 RGB 灯
	设置 RGB灯 无电子件	设置 RGB 灯颜色

1. 打开资源库，单击"编程设置控制器"按钮，如图 6-7 所示。

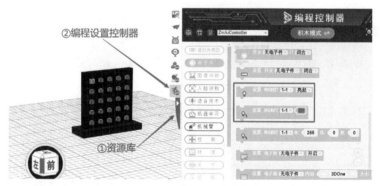

图 6-7

2. 编写按下空格键所有 LED 熄灭的程序，如图 6-8 所示。

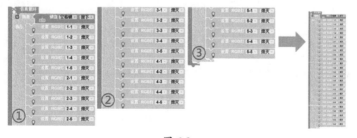

图 6-8

3. 新建控制页，编写按下→键，显示右方向箭头的程序，如图 6-9 所示。

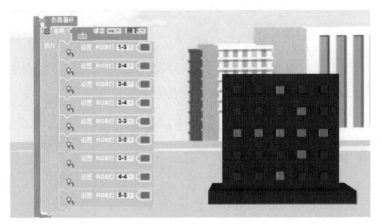

图 6-9

 知识点拨

  为了优化程序,使全屏熄灭 LED 程序和显示方向箭头程序并列执行,可以在"控制页管理"中新建一个控制页。

  ①单击"程序保存"按钮[图]保存编写的程序;②单击"控制页管理"右侧的下拉箭头,将全屏熄灭 LED 程序添加到控制页中;③单击"ZwAiController",新建一个控制页,如图 6-10 所示。

图 6-10

[6.5] 仿真测试

  调整视角,单击浮动工具栏中的"进入仿真环境"按钮[图],然后单击"启动仿真"按钮[图],按下→键,LED 将变换出右方向箭头,如图 6-11 所示。按下空

格键，查看 LED 是否全部熄灭。

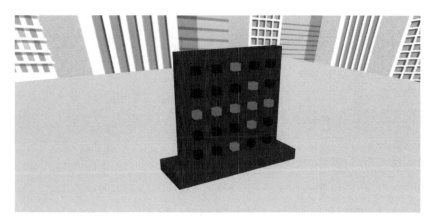

图 6-11

分享交流

LED 是生活中常见的一种电子器件，通过本课的学习，我们了解了什么是 LED。新建控制页，再利用 设置 RGB灯 无电子件 亮起 和 设置 RGB灯 无电子件 ▇ 积木编写 LED 变换出方向箭头的程序。

思考与分享

请同学们根据本课所学内容编写图 6-12 所示的 LED 变换显示的程序，然后与其他同学分享。

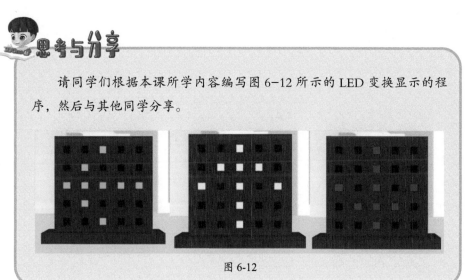

图 6-12

根据本课所讲内容的掌握情况，在表 6-2 中相应的"优秀""良好""待提高"位置画√。

表 6-2　变换 LED 活动评价表

评价内容	优秀	良好	待提高
知道什么是 LED			
能够通过设置电子件模型设置 RGB 灯			
认识 ⦿ 设置 RGB灯 无电子件 亮起 和 ⦿ 设置 RGB灯 无电子件 ■ 积木			
能利用 ⦿ 设置 RGB灯 无电子件 亮起 和 ⦿ 设置 RGB灯 无电子件 ■ 积木编写 LED 变换简单图形的程序			
能够变换出多个图形			

第 7 课

传送带

学习目标

- 知道什么是传送带，了解传送带的用途。
- 知道什么是马达，了解马达的工作原理。
- 认识马达电子件模型并掌握其设置方法。
- 能够使用  积木编写传送带传送物资的程序。
- 进入仿真系统进行验证和修改。

学习重点

认识马达电子件模型，能够使用  积木编写传送带传送物资的程序。

案例介绍

在物料搬运系统中，传送带作为实现机械化和自动化运输的重要工具，其主要功能是承载和运输物料。本课使用马达电子件模型作为驱动装置，设计一款能够传输物资的传送带设备，其结构如图 7-1 所示。

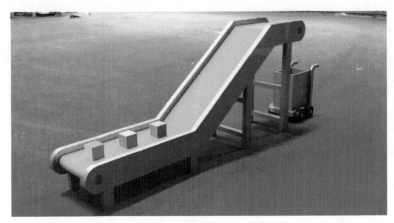

图 7-1

任务描述：启动仿真后，若按下 A 键，将启动传送带，并将传送带上的方块传送至小车厢内；若按下 D 键，则停止传送带的转动。

7.1 物体属性设置

1. 启动 3D One AI，打开"传送带 .Z1"文件，如图 7-2 所示。

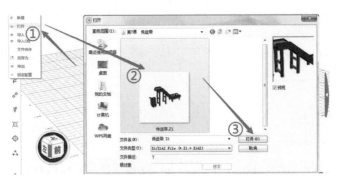

图 7-2

2. 单击工具栏中的"物体属性设置"按钮 ，在弹出的"物体属性设置"对话框中，将"实体"设置为小车模型，将"弹性系数"设置为"0"，如图 7-3 所示，单击 按钮。

图 7-3

注意：这里将"弹性系数"设置为"0"的目的是防止方块落入小车厢后被弹出。

3. 单击工具栏中的"物体属性设置"按钮■，在弹出的"物体属性设置"对话框中，将"实体"设置为传送带支架模型，将"物体类型"设置为"地形"，如图 7-4 所示，单击■按钮。

图 7-4

4. 单击工具栏中的"物体属性设置"按钮■，在弹出的"物体属性设置"对话框中，将"实体"设置为传送带模型，将"弹性系数"设置为"0.000"，勾选"添加履带"复选框，如图 7-5 所示，单击■按钮。

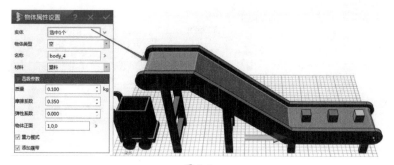

图 7-5

5. 单击工具栏中的"物体属性设置"按钮 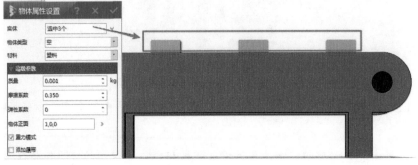，在弹出的"物体属性设置"对话框中将"实体"设置为 3 个方块模型，将"弹性系数"设置为"0"，如图 7-6 所示，单击 ✓ 按钮。

图 7-6

6. 单击工具栏中的"物体属性设置"按钮 ，在弹出的"物体属性设置"对话框中，将"实体"设置为上方的传送带轴模型，将"名称"设置为"马达 1"，如图 7-7 所示，单击 ✓ 按钮。

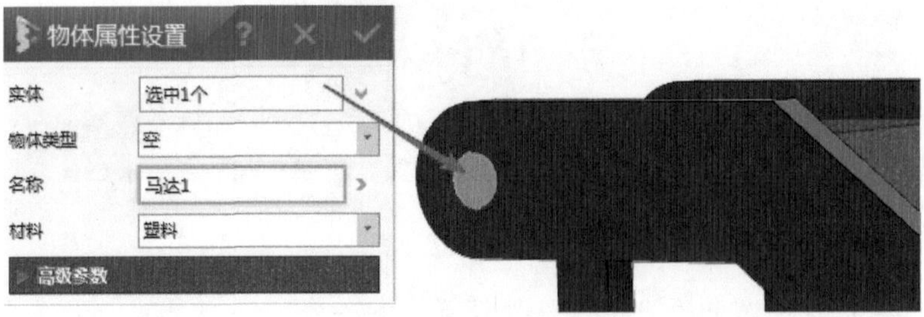

图 7-7

7. 同理，将下方传送带轴模型的"名称"改为"马达 2"，如图 7-8 所示。

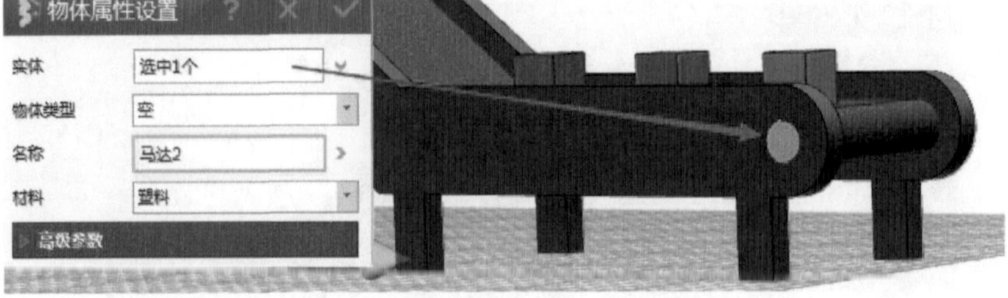

图 7-8

7.2 成组固定

使用"组"工具组 中的"成组固定"工具 对传送带支架和传送带模型进行成组固定，如图 7-9 所示，单击 按钮。

图 7-9

7.3 设置关节

1. 调整视角，单击工具栏"关节"工具组 中的"关节设置"按钮 ，在弹出的"关节设置"对话框中，将"实体 1"设置为上方的传送带轴，将"实体 2"设置为传送带，如图 7-10 所示。

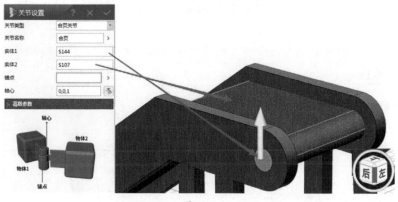

图 7-10

2. 单击鼠标右键，在弹出的快捷菜单中选择"曲率中心"选项，在"曲率中心"对话框中将"曲线"设置为轴截面边线上任意一点，如图 7-11 所示，单击 按钮。

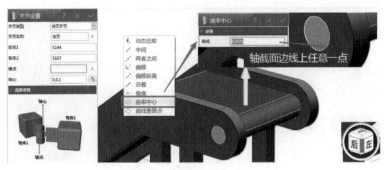

图 7-11

3. 将"关节设置"对话框中的"轴心"设置为"-0,1,-0",如图 7-12 所示，单击 ✔ 按钮。

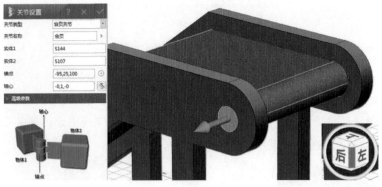

图 7-12

4. 采用同样方法为传送带下方的传送带轴添加关节，如图 7-13 所示，单击 ✔ 按钮。

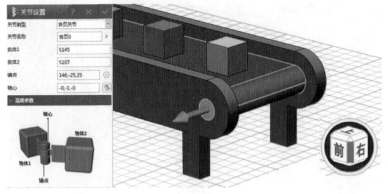

图 7-13

7.4　添加电子件模型

1. 单击工具栏中的"设置电子件模型"按钮，在弹出的"设置电子件模型"对话框中，将"电子件类型"设置为"马达"，将"电子件"设置为"马达 1"，将"正速度方向"设置为"–0,1,–0"，如图 7-14 所示，单击 按钮。

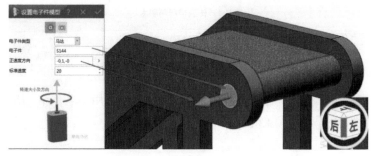

图 7-14

2. 采用同样方法为"马达 2"设置"电子件类型"为"马达"，将"正速度方向"设置为"0,–1,–0"，如图 7-15 所示。

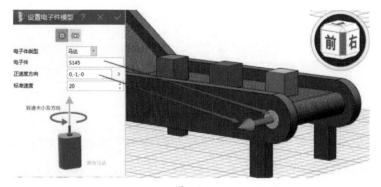

图 7-15

　　　　电动机，俗称马达，是一种依据电磁感应定律实现电能转换或传递的一种电磁装置。在 3D One AI 中，马达是单向的，其作用是给其他电子件提供动力。通过设置关节与编程，马达可以带动其他物体单向转动。

7.5 程序设计

在完成传送带的装配后，我们可以通过马达的动力来驱动传送带，从而传送物资。这一过程需要利用表 7-1 中的积木，并编写相应的程序来驱动马达，进而驱动传送带，实现物资的传送。

表 7-1 传送带所用积木

指令模块	积木	说明
电子件	设置 马达 无电子件 转动速度为 50	设置马达转动速度

打开资源库，单击"编程设置控制器"按钮，使用"电子件"指令模块中的 设置 马达 无电子件 转动速度为 50 积木编写程序，如图 7-16 所示。

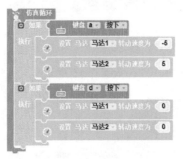

图 7-16

7.6 仿真测试

调整视角，单击浮动工具栏中的"进入仿真环境"按钮，然后单击"启动仿真"按钮进行测试，如果按下 A 键，传送带启动，方块被运输；如果按下 D 键，传送带停止运输，如图 7-17 所示。

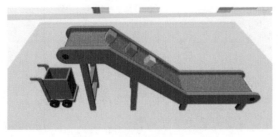

图 7-17

分享交流

传送带是一种常见的自动化物料搬运工具，广泛应用于材料运输、装载和卸载等领域。通过本课的学习，我们了解了传送带的设计过程，其中包括马达的工作原理和马达电子件模型的设置方法。同时，我们还掌握了传送带程序的编写技巧。

同学们，在你的生活中，哪些电子设备上应用了马达？根据你的所见所闻，谈谈你对马达的认识。

自我评价

根据本课所讲内容的掌握情况，在表 7-2 中相应的"优秀""良好""待提高"位置画√。

表 7-2 传送带活动评价表

评价内容	优秀	良好	待提高
知道什么是传送带及其主要功能			
能够通过设置电子件模型设置马达			
知道什么是马达，能够了解马达的工作原理			
认识"电子件"指令模块中的 设置 马达 无电子件 转动速度为 50 积木			
掌握编写传送带程序的编写思路			
通过所见所闻，能够说出自己对马达的认识			

第8课

门禁栏杆

门禁栏杆，也常被称为道闸杆或挡车器，主要用于限制和管理车辆或人员的出入。这种设备一般安装在小区、商场、公路收费站等公共场所的出入口，用于控制车辆及人员的通行权限。本课我们将使用 3D One AI 来设计一个门禁栏杆，如图 8-1 所示。

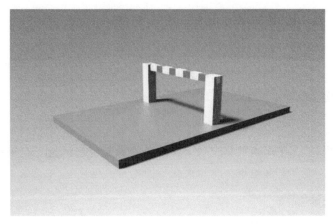

图 8-1

任务描述：启动仿真，如果按下 A 键，栏杆抬起；如果按下 D 键，栏杆落下。

案例制作

8.1　物体属性设置

1. 启动 3D One AI，打开"门禁栏杆 .Z1"文件，如图 8-2 所示。

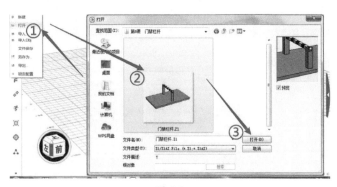

图 8-2

2. 选中场地，单击工具栏中的"物体属性设置"按钮 ，在弹出的"物体属性设置"对话框中，将"物体类型"设置为"地形"，如图 8-3 所示，单击 按钮。

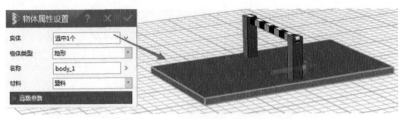

图 8-3

3. 选中栏杆,单击工具栏中的"物体属性设置"按钮 ,在弹出的"物体属性设置"对话框中,将"名称"设置为"栏杆",如图 8-4 所示,单击 按钮。

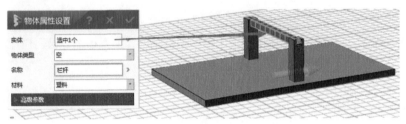

图 8-4

8.2 成组固定

单击工具栏"组"工具组 中的"成组固定"按钮 ,在弹出的"成组固定"对话框中,设置"实体"为地面和两个支架,如图 8-5 所示,单击 按钮。

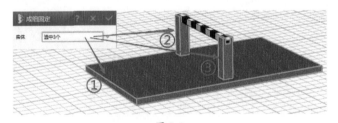

图 8-5

8.3 设置关节

1. 单击"基本编辑"工具组 中的"线框 / 着色模式"按钮 ,将模型切换到线框模式,如图 8-6 所示。

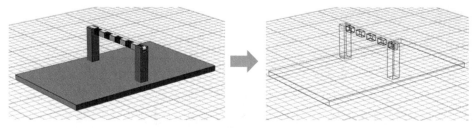

图 8-6

2. 单击工具栏"关节"工具组 🔗 中的"关节设置"按钮 🔗，在弹出的"关节设置"对话框中，将"实体 1"设置为栏杆，将"实体 2"设置为支架，将"锚点"设置为栏杆轴面中心，将"轴心"设置为"1,0,0"，将"关节紧度"设置为"1.000"，如图 8-7 所示，单击 ✔ 按钮。

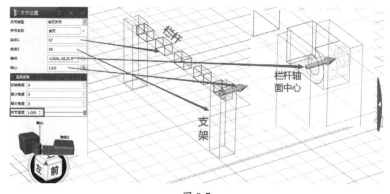

图 8-7

3. 单击工具栏"基本编辑"工具组 🔩 中的"线框 / 着色模式"按钮 ⬡，将模型切换到着色模式，如图 8-8 所示。

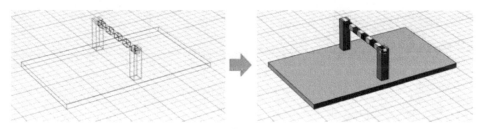

图 8-8

设置关节的步骤如下。

1. 选中"实体 1"和"实体 2",然后单击鼠标右键,在弹出的快捷菜单中选择"曲率中心"命令,如图 8-9 所示。

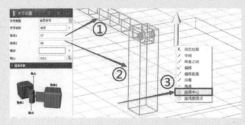

图 8-9

2. 在弹出的"曲率中心"对话框中,将"曲线"设置为栏杆轴面边缘线,如图 8-10 所示。

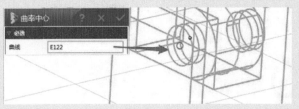

图 8-10

3. 单击所选曲线确定"锚点",然后借助实体边缘线定出"轴心"方向,如图 8-11 所示,单击确认。

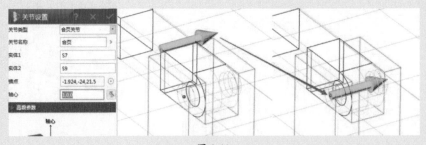

图 8-11

8.4 添加电子件模型

单击工具栏中的"设置电子件模型"按钮，在弹出的"设置电子件模型"对话框中，将"电子件类型"设置为"舵机"，将"电子件"设置为栏杆（即 S7），如图 8-12 所示，单击✔按钮。

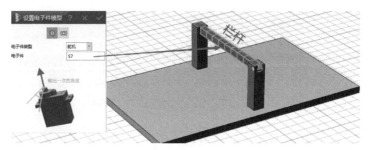

图 8-12

知识点拨

舵机是一种位置（角度）伺服的驱动器，广泛应用于需要不断调整角度并保持稳定的控制系统中，在高档遥控玩具，如飞机、潜艇、机器人中得到了广泛应用。在 3D One AI 中，舵机的功能是提供角度输出，通过设置关节和编程，可以将关联的物体转动到指定的角度。在选择电子件时，需要将实体设置为舵机，如图 8-13 所示。

舵机的工作原理是，向控制端（通常为黄色或白色信号线）发送一个 PWM（脉宽调制）值，舵机会转动到特定的角度。

图 8-13

8.5 程序设计

门禁栏杆驱动的主要动力来源是舵机，通过将舵机安装到门禁栏杆上，以实现对门禁栏杆的驱动。为了操作门禁栏杆，需要利用表 8-1 中的积木来编写驱动门禁栏杆的程序。

表 8-1　门禁栏杆所用积木

指令模块	积木名称	说明
电子件	设置 舵机 无电子件 旋转到 50 角度	设置舵机旋转的角度
	设置 舵机 无电子件 回到原点	将舵机返回到原点

打开资源库，单击"编程设置控制器"按钮 ，使用"电子件"指令模块中的 设置 舵机 无电子件 旋转到 50 角度 和 设置 舵机 无电子件 回到原点 积木编写程序，如图 8-14 所示。

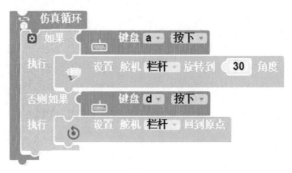

图 8-14

8.6 仿真测试

调整视角，单击浮动工具栏中的"进入仿真环境"按钮 ，然后单击"启动仿真"按钮 进行测试，如果按下 A 键，查看门禁栏杆是否抬起；如果按下 D 键，查看门禁栏杆是否落下，如图 8-15 所示。

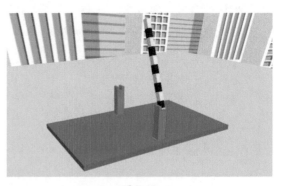

图 8-15

分享交流

门禁栏杆是我们在生活、工作、学习等场所常见的一种设备，用于限制人员或车辆的出入。通过本课的学习，我们深入了解了舵机及其工作原理，并掌握了舵机电子件模型的设置方法。

思考与分享

想一想：如果将程序中的 设置 舵机 无电子件 旋转到 50 积木换成 设置 舵机 无电子件 转动 60 角度 积木，如图 8-16 所示，然后进入仿真系统，启动仿真进行测试，把你发现的结果与大家分享。

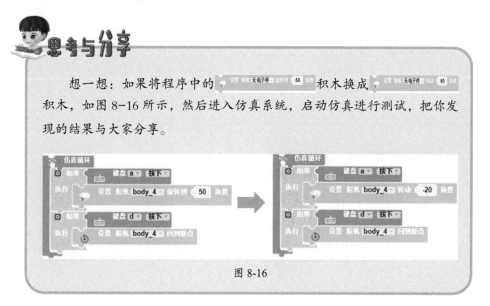

图 8-16

自我评价

根据本课所讲内容的掌握情况，在表 8-2 中相应的"优秀""良好""待提高"位置画√。

表 8-2 门禁栏杆活动评价表

评价内容	优秀	良好	待提高
了解生活中门禁栏杆的用途			
知道什么是舵机，了解舵机的工作原理			
了解舵机电子件模型模型及其设置方法			
认识 设置 舵机 无电子件 转动 50 角度 和 设置 舵机 无电子件 回到原点 积木			
能够编写门禁栏杆抬起和落下的程序			

第 9 课

手控台灯

学习目标

- 知道什么是开关，了解开关的工作原理。
- 认识开关电子件模型，掌握开关电子件模型的设置方法。
- 认识  积木。
- 学会编写手控台灯程序，并进入仿真系统进行验证和修改。

学习重点

- 知道开关的概念及其工作原理。
- 能够编写手控台灯程序。

案例介绍

台灯，通常指的是摆放在桌子上的带座电灯，是我们日常生活中普遍使用的一种家用电器。台灯既可以用于学习、阅读或工作，也可以发挥照明和装饰室内环境的作用。手控台灯则通过开关来控制台灯的点亮和熄灭，它是一款传统的台灯。与现代台灯相比，手控台灯具有操作简便和功能单一的特点，如图 9-1 所示。

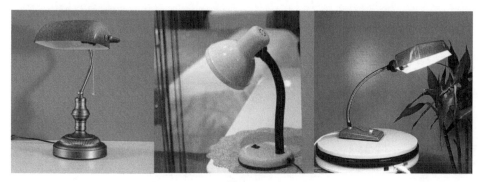

图 9-1

本课利用 3D One AI 中的开关电子件模型，设计一个手控台灯，如图 9-2 所示。

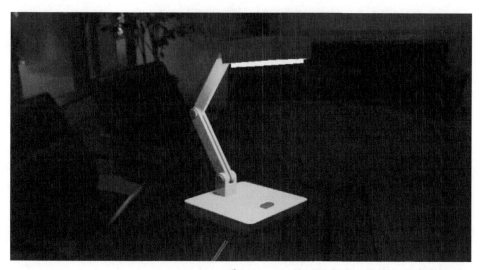

图 9-2

任务描述：启动仿真，如果按下开关，台灯亮起；再次按下开关，台灯熄灭。

9.1 物体属性设置

1. 启动 3D One AI，打开"手控台灯 .Z1"文件，如图 9-3 所示。

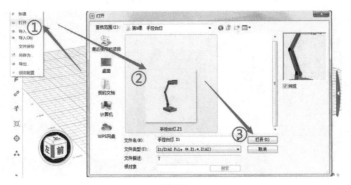

图 9-3

2. 选中开关模型，单击工具栏中的"物体属性设置"按钮![按钮]，在弹出的"物体属性设置"对话框中，将"物体类型"设置为"空"，将"名称"设置为"开关"，如图 9-4 所示，单击![按钮]按钮。

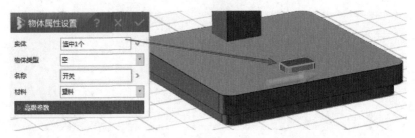

图 9-4

3. 选中 LED 模型，单击工具栏中的"物体属性设置"按钮![按钮]，在弹出的"物体属性设置"对话框中，将"物体类型"设置为"空"，将"名称"设置为"LED"，单击![按钮]按钮，如图 9-5 所示。

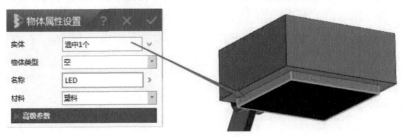

图 9-5

9.2 成组固定

单击工具栏"组"工具组⚛中的"成组固定"按钮⚛，在弹出的"成组固定"对话框中，将"实体"设置为台灯底座、开关、台灯支架、台灯支架轴、灯罩、LED 等 12 个台灯零件，如图 9-6 所示，单击✓按钮。

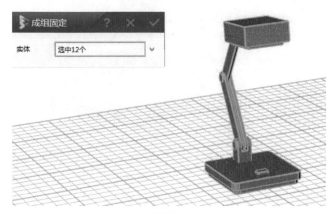

图 9-6

9.3 添加电子件模型

1. 单击工具栏中的"设置电子件模型"按钮⚙，在弹出的"设置电子件模型"对话框中，将"电子件类型"设置为"RGB 灯"，将"电子件"设置为 LED 模型（即 S13），将"打开颜色"设置为白色，将"关闭颜色"设置为灰色，如图 9-7 所示，单击✓按钮。

图 9-7

2. 单击工具栏中的"设置电子件模型"按钮 ，在弹出的"设置电子件模型"对话框中，将"电子件类型"设置为"开关"，将"电子件"设置为开关模型（即 S37），将"触碰面"设置为开关模型顶面（即 F450），将"按下距离"设置为"-0.5"，如图 9-8 所示，单击 按钮。

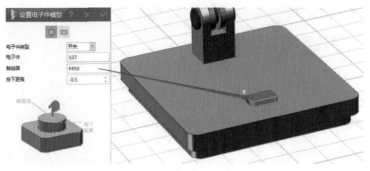

图 9-8

知识点拨

开关是指可以控制电路开启和关闭的电子元件，其作用是控制电路的通断。开关基于导体和绝缘体之间的相互作用，通过控制导体的断开和闭合来实现电路的断与通。开关在日常生活中被广泛使用，是一种常见的电器。开关的工作原理如图 9-9 所示。

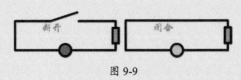

图 9-9

在 3D One AI 中，开关是一种重要的编程元素。开关可以通过两种状态来触发或关闭特定事件，这两种状态分别是开启和关闭。用户也可以通过鼠标单击或者编程来改变开关的状态。如果我们为整个作品设置了一个逻辑开关，那么根据开关的状态，作品会执行不同的逻辑行为。比如在手控台灯的案例中，如果开关处于开启状态，那么 LED 就会点亮；如果开关处于关闭状态，LED 则会熄灭。图 9-10 所示为开关电子件模型的设置。

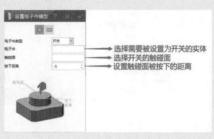

图 9-10

9.4 程序设计

手控台灯主要通过开关来控制灯的开关状态，在装配了开关电子件模型的手控台灯中，为了实现在仿真环境中控制灯的开关，我们需要使用表 9-1 中的积木来编写程序。

表 9-1　手控台灯用到的积木

指令模块	积木	说明
电子件	开关 无电子件 已 闭合	开关闭合或断开
	设置 RGB灯 无电子件 亮起	设置 RGB 灯点亮或熄灭

打开资源库，单击"编程设置控制器"按钮，使用"电子件"指令模块中的 开关 无电子件 已 闭合 和 设置 RGB灯 无电子件 亮起 积木编写程序，如图 9-11 所示。

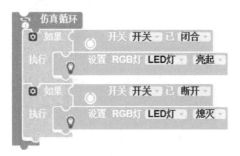

图 9-11

9.5 仿真测试

调整视角，单击浮动工具栏中的"进入仿真环境"按钮，然后单击"启动仿真"按钮进行测试，如果按下开关，台灯点亮；再次按下开关，台灯熄灭，如图 9-12 所示。

图 9-12

分享交流

台灯作为家庭中不可或缺的家用电器，其功能多样且实用。市面上的台灯种类繁多，不仅具有照明功能，有些还兼具装饰作用。本课通过设计手控台灯，让我们理解了开关及其工作原理。此外，我们还掌握了开关电子件模型的设置方法，并学会了编写手控台灯的程序。

思考与分享

（1）在我们的日常生活中，还有哪些设备可以使用开关来控制？把你的答案与大家分享。

（2）根据你最熟悉的开关控制物品，使用 3D One 创建模型，并在 3D One AI 中进行设计，看看能否实现你想象中的功能。

自我评价

根据本课所讲内容的掌握情况，在表 9-2 中相应的"优秀""良好""待提高"位置画√。

表 9-2　手控台灯活动评价表

评价内容	优秀	良好	待提高
知道什么是开关，了解开关的工作原理			
认识开关电子件模型并掌握其设置方法			
认识 开关 无电子件 已 闭合 和 设置 RGB灯 无电子件 亮起 积木			
能够通过编写手控台灯的程序控制台灯的点亮和熄灭			

第 10 课

通道护栏

学习目标

- 认识通道护栏。
- 知道什么是伺服电机，了解伺服电机的工作原理。
- 认识并设置伺服电机电子件模型。
- 认识  积木。
- 学会编写旋转门程序，并进入仿真系统进行验证和修改。

学习重点

- 知道伺服电机的概念及其工作原理。
- 能够利用 设置 伺服电机 无电子件 速度 50 旋转 50 角度 积木编写旋转门程序。

案例介绍

　　通道护栏是超市、商场或汽车站等场所进出口处的一种安全设施，旨在维护人员出入的有序和安全。它主要由旋转门和通道两部分组成，人员通过旋转门进入或离开通道。

　　本课利用 3D One AI 中的伺服电机电子件模型，设计一个手控的通道护栏，如图 10-1 所示。

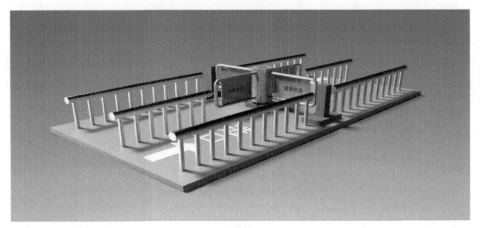

图 10-1

任务描述：启动仿真，如果按下 A 键，通道护栏中的旋转门旋转 90°，否则旋转门旋静止不动。

10.1 物体属性设置

1. 启动 3D One AI，打开"通道护栏 .Z1"文件，如图 10-2 所示。

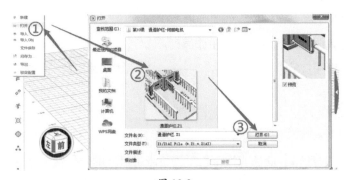

图 10-2

2. 选中通道模型，单击工具栏中的"物体属性设置"按钮，在弹出的"物体属性设置"对话框中，将"物体类型"设置为"地形"，单击按钮，如图 10-3 所示。

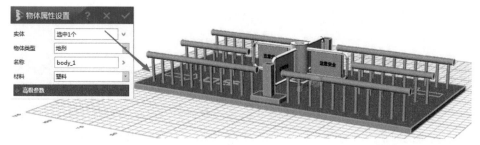

图 10-3

3. 选中旋转门模型，单击工具栏中的"物体属性设置"按钮 ⚒️ ，在弹出的
   "物体属性设置"对话框中，将"物体类型"设置为"空"，将"名称"
   设置为"旋转门"，单击 ✔️ 按钮，如图 10-4 所示。

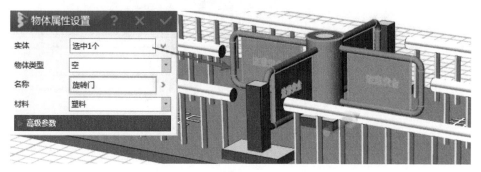

图 10-4

4. 选中伺服电机模型，单击工具栏中的"物体属性设置"按钮 ⚒️ ，在弹出
   的"物体属性设置"对话框中，将"物体类型"设置为"空"，将"名称"
   设置为"伺服电机"，单击 ✔️ 按钮，如图 10-5 所示。

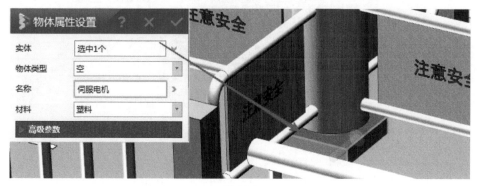

图 10-5

10.2 为旋转门设置关节

单击工具栏 "关节" 工具组 中的 "智能关节" 按钮 ，在弹出的 "智能关节" 对话框中，将 "移动体轴" 设置为旋转门，将 "基体轴" 设置为伺服电机，将 "移动体点" 设置为旋转门顶面中心，将 "基体点" 设置为伺服电机顶面中心（注意这里的两个中心为同一个），如图 10-6 所示，为旋转门添加关节。

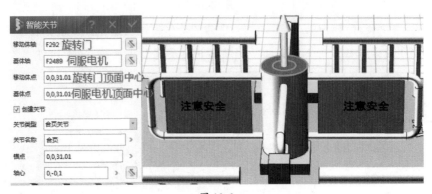

图 10-6

10.3 成组固定

单击工具栏 "组" 工具组 中的 "成组固定" 按钮 ，在弹出的 "成组固定" 对话框中，将 "实体" 设置为通道和伺服电机，如图 10-7 所示，单击 按钮。

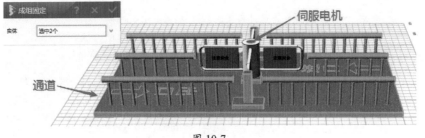

图 10-7

10.4 添加电子件模型

单击工具栏中的 "设置电子件模型" 按钮 ，在弹出的 "设置电子件模型"

对话框中，将"电子件类型"设置为"伺服电机"，将"电子件"设置为伺服电机模型（即 S96），将"正速度方向"设置为"0,-0,1"，如图 10-8 所示，单击 ✔ 按钮。

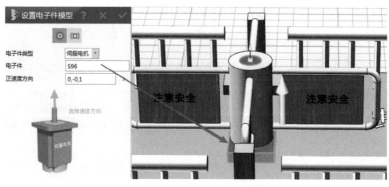

图 10-8

知识点拨

伺服电机是伺服系统中用于控制机械元件运转的发动机，它是一种间接变速装置，通过补助马达实现。伺服电机可以精确控制速度和位置精度，将电压信号转化为转矩和转速以驱动控制对象。其工作原理可以简单概括为输入控制信号→伺服控制器→伺服电机→输出运动。

在 3D One AI 中，利用伺服控制（伺服控制是指对物体的运动位置、速度以及加速度等变化量进行精准、高效的控制）电路和传感器实现电机的闭环控制，从而精准调控电机的转速和转动位置。伺服电机电子件模型的设置如图 10-9 所示。

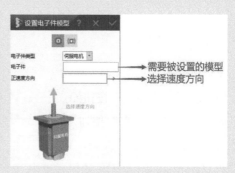

图 10-9

10.5 程序设计

通道栏杆通过伺服电机实现栏杆的旋转控制。通道栏杆在装配伺服电机电子件模型后，若要在仿真环境中对栏杆旋转进行调控，需使用表 10-1 所示的积木来编写控制程序。

表 10-1　通道栏杆使用的积木

指令模块	积木	说明
电子件	设置 伺服电机 无电子件 速度 50 旋转 50 角度	设置伺服电机转速和旋转角度

打开资源库，单击"编程设置控制器"按钮，使用"电子件"指令模块中的 设置 伺服电机 无电子件 速度 50 旋转 50 角度 积木编写程序，如图 10-10 所示。

图 10-10

10.6 仿真测试

调整视角，单击浮动工具栏中的"进入仿真环境"按钮，然后单击"启动仿真"按钮进行测试，如果按下 A 键，通道护栏中的旋转门旋转 90°，否则旋转门旋静止不动，如图 10-11 所示。

图 10-11

 **分享交流**

通道护栏是保障公众出行及车辆出入安全的重要设施。本课我们通过设计通道护栏，深入了解了伺服电机及其工作原理，并掌握了伺服电机电子件模型的设置方法。此外，我们还学习了通道护栏的程序编写方法。

思考与分享

在生活中，你还见过哪些类似的通道呢？请同学们使用 3D One 创建一个简单的模型，然后借助 3D One AI 看看能否实现你想象中的功能，与大家分享你的劳动成果。

 **自我评价**

根据本课所讲内容的掌握情况，在表 10-2 中相应的"优秀""良好""待提高"位置画√。

表 10-2 通道护栏活动评价表

评价内容	优秀	良好	待提高
知道什么是伺服电机，能够了解伺服电机的工作原理			
认识伺服电机电子件模型，掌握伺服电机电子件模型的设置方法			
认识 设置 伺服电机 无电子件 速度 50 旋转 50 角度 积木			
能够使用 设置 伺服电机 无电子件 速度 50 旋转 50 角度 积木编写通道护栏手控旋转门程序			

第 11 课

无人驾驶

学习目标

- 知道什么是无人驾驶技术。
- 了解 3D One AI 中的图像循路工作原理。
- 认识  积木。
- 学会编写无人驾驶程序，并进入仿真系统进行验证和修改。

学习重点

- 3D One AI 中的图像循路工作原理。
- 能够利用图像循路编写无人驾驶程序。

案例介绍

　　无人驾驶技术融合了众多前延学科，包括传感器、计算机、人工智能、通信、导航定位、模式识别、机器视觉、智能控制等，构成了一个复杂且综合的技术体系。本案例采用了图像循路技术来模拟无人驾驶，当启动仿真系统后，小车通过图像循路检测向前行驶，如图 11-1 所示。

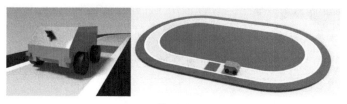

图 11-1

任务描述：启动仿真，小车沿着黄色轨迹路线行驶，如果检测到红色，小车停止行驶。

案例制作

11.1 物体属性设置

1. 启动 3D One AI，打开"无人驾驶.Z1"文件，如图 11-2 所示。

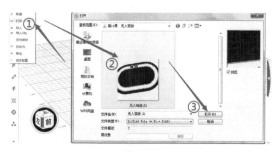

图 11-2

2. 选中场地模型，单击工具栏中的"物体属性设置"按钮，在弹出的"物体属性设置"对话框中，将"物体类型"设置为"地形"，将"弹性系数"设置为"0"，如图 11-3 所示，单击 ✔ 按钮。

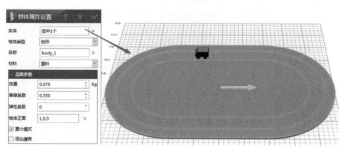

图 11-3

3. 选中车身模型，单击工具栏中的"物体属性设置"按钮，在弹出的"物体属性设置"对话框中，将"名称"设置为"车身"，将"质量"设置为"0.1kg"，将"物体正面"设置为"−1,0,0"，如图 11-4 所示，单击按钮。

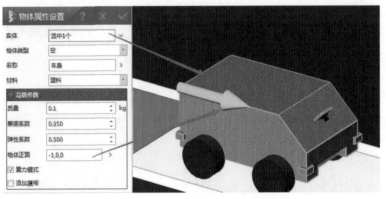

图 11-4

4. 选中 4 个车轮模型，单击工具栏中的"物体属性设置"按钮，在弹出的"物体属性设置"对话框中，将"质量"设置为"0.2kg"，将"弹性系数"设置为"0"，如图 11-5 所示，单击按钮。

图 11-5

11.2 成组固定

单击工具栏"组"工具组中的"成组固定"按钮，在弹出的"成组固定"对话框中，将"实体"设置为车身和摄像头两个零件，如图 11-6 所示，单击按钮。

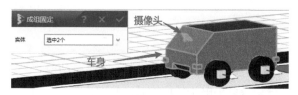

图 11-6

11.3　为车轮设置关节

单击工具栏"关节"工具组 中的"智能关节"按钮 ，分别对 4 个车轮进行关节设置，"关节类型"设置为"合页关节"，如图 11-7 所示。

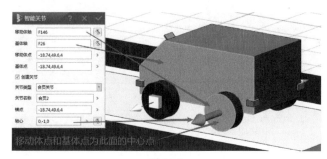

图 11-7

11.4　添加电子件模型

单击工具栏中的"设置电子件模型"按钮 ，在弹出的"设置电子件模型"对话框中，将"电子件类型"设置为"虚拟摄像头"，将"电子件"设置为摄像头模型（即 S19），将"视角中心"设置为摄像头镜头中心，将"方向"设置为"−0.707,−0,−0.707"，如图 11-8 所示，单击 按钮。

图 11-8

11.5 程序设计

无人驾驶主要依赖于图像识别技术中的图像循路功能来识别小车的行驶路径。在小车上装配虚拟摄像头电子件模型后，我们使用表 11-1 中提供的积木来编写程序，可以在仿真环境中实现虚拟摄像头的图像循路功能。

表 11-1　无人驾驶用到的积木

指令模块	积木	说明
图像识别	虚拟摄像头 无传感器 启动	虚拟摄像头启动
	启动 图像循路	启动图像循路
	图像循路方向 左 ?	图像循路方向
	启动 图片颜色识别	启动图片颜色识别
	图像颜色识别结果 红色	图像颜色识别结果

1. 编写小车自动循路程序，如图 11-9 所示。

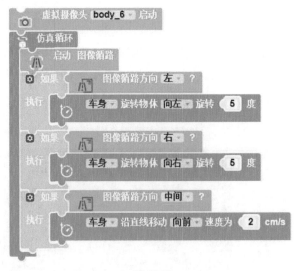

图 11-9

2. 编写小车检测到红色终点区域停止行驶的程序，如图 11-10 所示。

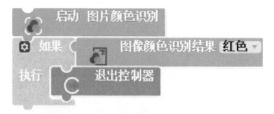

图 11-10

无人驾驶的完整程序如图 11-11 所示。

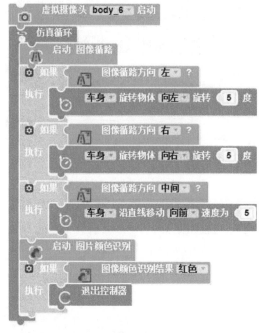

图 11-11

在 3D One AI 中，图像循路是通过摄像头采集路面周围环境的视觉信息，并基于这些信息作出决策。当图像循路方向为左侧时，小车会执行左转动作；当图像循路方向为右侧时，小车会执行右转动作；当图像循路方向为中间时，小车会保持当前行驶方向不变。图 11-12 展示了图像循路的工作原理。

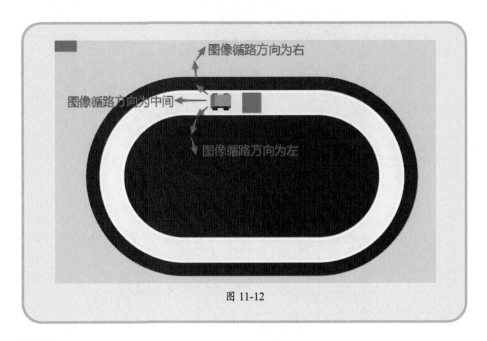

图 11-12

仿真测试

　　调整视角，单击浮动工具栏中的"进入仿真环境"按钮 ，然后单击"启动仿真"按钮 进行测试，虚拟摄像头启动后，查看小车能否沿着黄色轨迹向前行驶，如果检测到红色时，小车能否停下来，如图 11-13 所示。

图 11-13

 分享交流

通过本课的学习，我们了解了 3D One AI 中图像循路的工作原理，通过对无人驾驶程序的编写，认识了图像循路积木和图像颜色识别积木。

思考与分享

试一试：为小车两个前轮添加马达电子件模型，再使用 积木代替程序中的 和 积木，看看能否实现图像循路效果。

程序编写提示如下。

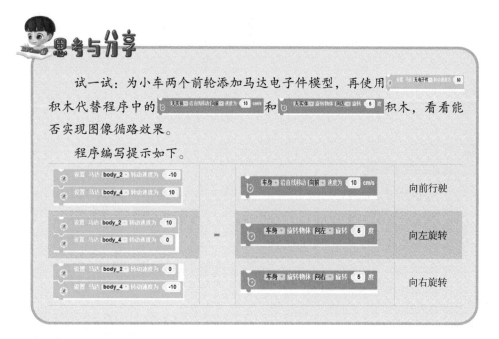

自我评价

根据本课所讲内容的掌握情况，在表 11-2 中相应的"优秀""良好""待提高"位置画√。

表 11-2　无人驾驶活动评价表

评价内容	优秀	良好	待提高
知道图像识别，能够理解图像识别的工作原理			
认识虚拟摄像头电子件模型，能够对虚拟摄像头电子件模型进行设置			
认识 启动 图像循路 、 图像循路方向 左 ？ 、 启动 图片颜色识别 、 图像颜色识别结果 红色 积木			
能够编写无人驾驶程序			

第12课

快递扫描仪

学习目标

- 认识快递扫描仪。
- 知道什么是图像识别，了解图像识别的工作原理。
- 掌握生成二维码并下载的方法。
- 认识电子显示屏和虚拟摄像头电子件模型，能够对电子显示屏和虚拟摄像头电子件模型进行设置。
- 认识  等积木。
- 学会编写快递扫描仪程序，并进入仿真系统进行验证和修改。

学习重点

- 知道什么是图像识别及其工作原理。
- 掌握生成二维码并下载的方法。

案例介绍

　　快递扫描仪是用于在取快递时进行快速扫描以记录快递信息的设备。在物流领域中，该设备的运用摒弃了传统上依赖工作人员查看和登记的方式，显著提高了快递信息统计工作的效率。

　　本课利用 3D One AI 中的电子显示屏和虚拟摄像头电子件模型，结合图像识别的工作原理设计一个快递扫描仪，如图 12-1 所示。

图 12-1

　　任务描述：启动仿真，虚拟摄像头启动，如果按下 A 键，虚拟摄像头对二维码进行识别，如果识别结果为口罩，电子显示屏显示"口罩"，并发出语音提示"扫描完毕，请及时取走您的快递！"

 案例制作

12.1　物体属性设置

1. 启动 3D One AI，打开"快递扫描仪 .Z1"文件，如图 12-2 所示。

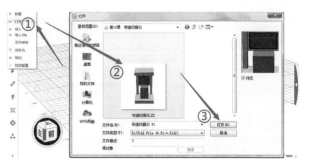

图 12-2

2. 选中快递扫描仪支架模型，单击"物体属性设置"按钮，在弹出的"物体属性设置"对话框中，将"物体类型"设置为"空"，将"弹性系数"设置为"0"，如图 12-3 所示，单击 按钮。

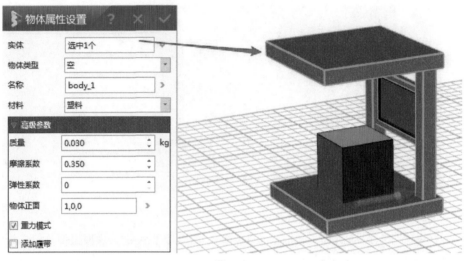

图 12-3

3. 选中方体模型，单击"物体属性设置"按钮，在弹出的"物体属性设置"对话框中，将"弹性系数"设置为"0"，如图 12-4 所示，单击 按钮。

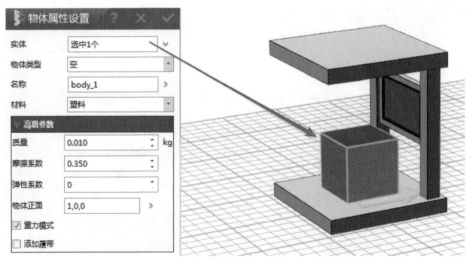

图 12-4

12.2　生成二维码

1. 打开资源库，在"编程控制器"面板中选择"图像识别"指令模块，然后单击"条码生成"按钮，在弹出的"条码生成"对话框中，设置"名称"为"口罩（也可以填写其他物品名称），单击"生成"按钮，待生成二维码后，单击"下载"按钮，如图 12-5 所示，将二维码保存到计算机中。

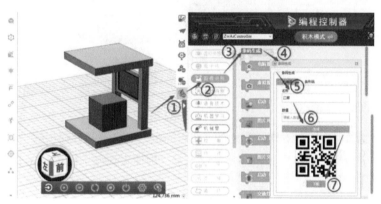

图 12-5

2. 单击资源库中的"视觉样式"按钮 📷，再单击"导入贴图"按钮，将下载的二维码导入"视觉样式"面板中，如图 12-6 所示。

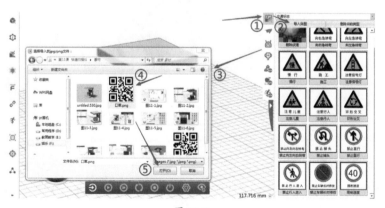

图 12-6

3. 调整模型视角，选择在"视觉样式"面板中导入的贴图"口罩"，在弹出的"纹理贴图"对话框中，将"面"设置为方体顶面，将"旋转"设置为"270"，如图 12-7 所示，单击 ✓ 按钮。

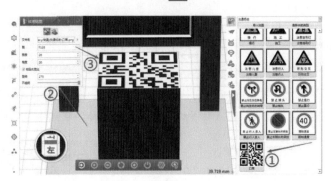

图 12-7

12.3 成组固定

单击工具栏"组"工具组 ⚛ 中的"成组固定"按钮 ⚛，在弹出的"成组固定"对话框中，设置"实体"为快递扫描仪支架、摄像头和电子显示屏 3 个零件，如图 12-8 所示，单击 ✓ 按钮。

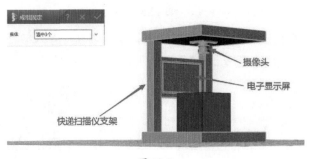

图 12-8

12.4 添加电子件模型

1. 设置"电子显示屏"。

单击工具栏中的"设置电子件模型"按钮 🔲，在弹出的"设置电子件模型"对话框中，将"电子件类型"设置为"电子显示屏"，将"电子件"设置为电子显示屏模型（即 S31），将"显示面"设置为显示屏模型平面（即 F228），将"文字方向"设置为"0,-1,0"，如图 12-9 所示，单击 ✓ 按钮。

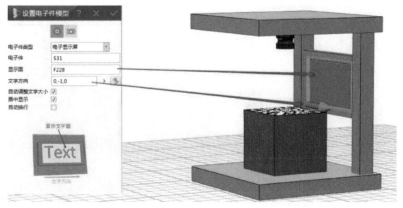

图 12-9

2. 设置"虚拟摄像头"。

单击工具栏中的"设置电子件模型"按钮，在弹出的"设置电子件模型"对话框中，将"电子件类型"设置为"虚拟摄像头"，将"电子件"设置为摄像头模型（即 S15），将"视觉中心"设置为摄像头镜头中心，将"方向"设置为"-0,-0,-1"，如图 12-10 所示，单击 ✓ 按钮。

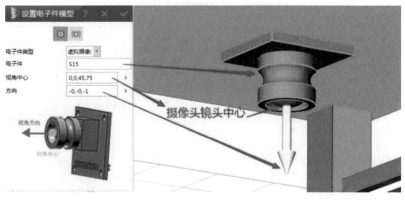

图 12-10

12.5　程序设计

快递扫描仪主要利用图像识别中的条码识别功能来识别二维码。为了在仿真环境中实现快递扫描仪显示扫描结果和语音提示，需要为快递扫描仪装配虚拟摄像头，还需要使用表 12-1 中的积木编写程序。

表 12-1 快递扫描仪用到的积木

指令模块	积木名称	说明
电子件	设置 电子屏 无电子件 开启	设置电子显示屏开启
	设置 电子屏 无电子件 内容 3DOne 大小 10	设置电子显示屏显示文字内容及大小
图像识别	虚拟摄像头 无传感器 启动	启动虚拟摄像头
	启动 条码识别	启动条形码识别
	条码名称识别结果	条形码名称识别结果
	识别结果 图片对象检测结果 包含	图像识别结果包含的内容
语音技术	朗读 你好	将文字转化成语音

1. 编写开启条形码识别程序，如图 12-11 所示。

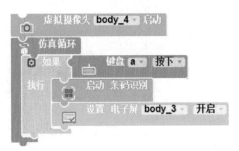

图 12-11

2. 编写条形码识别结果程序，如图 12-12 所示。

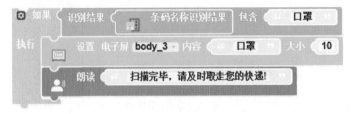

图 12-12

快递扫描仪的完整程序如图 12-13 所示。

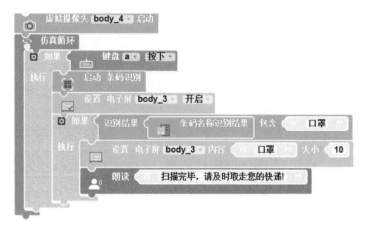

图 12-13

知识点拨

　　图像识别是人工智能领域中一项重要的技术。其发展历程可分为 3 个阶段：文字识别、数字图像处理与识别、物体识别。图像识别的工作原理是通过计算机对图像进行一系列的处理、分析、归类，并从中提取出图像中的关键信息以实现识别功能。

　　图像识别技术在日常生活中的应用十分普遍，例如车牌抓取、商品条码识别、手写识别等。随着这项技术的逐步发展和不断完善，未来将有更广泛的应用，如图 12-14 所示。

图 12-14

12.6 仿真测试

调整视角，单击浮动工具栏中的"进入仿真环境"按钮，然后单击"启动仿真"按钮进行测试，虚拟摄像头启动后，查看快递扫描仪能否读取方体中二维码的信息，如果读取到二维码中的信息，能否朗读"扫描完毕，请及时取走您的快递！"，如图 12-15 所示。

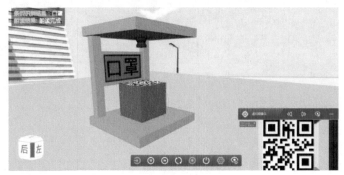

图 12-15

 **分享交流**

快递扫描仪在人们取快递时提供了便捷，显著提高了工作效率。通过设计快递扫描仪，我们掌握了在 3D One AI 中生成二维码的方法，并学会了在物体表面贴图的技巧。此外，通过编写快递扫描仪程序，我们熟悉了电子显示屏的相关积木和识别条形码的相关积木。在仿真过程中，我们深入了解了图像识别的魅力。

思考与分享

利用本课所学知识，生成几个二维码，然后将其依次在立方体中进行替换，并对程序进行修改，最后启动仿真，看看能否识别出生成的二维码信息。

　　根据本课所讲内容的掌握情况，在表 12-2 中相应的"优秀""良好""待提高"位置画√。

表 12-2　快递扫描仪活动评价表

评价内容	优秀	良好	待提高
知道图像识别，能够理解图像识别的工作原理			
认识电子显示屏和虚拟摄像头电子件模型，对它们进行设置			
认识 ... 和 ... 积木			
能够编写快递扫描仪程序			

第 13 课

声控音响

学习目标

- 知道什么是语音识别和扬声器。
- 了解语音识别和扬声器的工作原理。
- 认识扬声器电子件模型。
- 熟悉 `电脑麦克风 启动`、`CN 中文 语音识别 持续 2 秒`、`语音识别结果 包含 []`、`设置 扬声器 无电子件 完成` 和 `设置 扬声器 无电子件 状态 播放` 积木。
- 学会编写声控音响程序，并进入仿真系统进行验证和修改。

学习重点

- 了解语音识别及其工作原理。
- 能够利用语音识别编写声控音响程序。

案例介绍

在现代生活中，音响已经成为我们生活中不可或缺的一部分。同时，伴随着科技的飞速发展，人工智能技术也被广泛应用于音响中，使音响的功能变得越来越强大。本课我们将通过扬声器电子器件模型，借助语音识别技术设计一款声控音响，如图 13-1 所示。

图 13-1

任务描述：启动仿真，通过语音指令控制音响的开启、暂停播放、继续播放及关闭。

案例制作

13.1 物体属性设置

1. 启动 3D One AI，打开"声控音响 .Z1"文件，如图 13-2 所示。

图 13-2

2. 选中扬声器模型，单击工具栏中的"物体属性设置"按钮 ，在弹出的
   "物体属性设置"对话框中，将"实体"设置为扬声器模型，将"名称"
   设置为"扬声器"，如图 13-3 所示，单击 按钮。

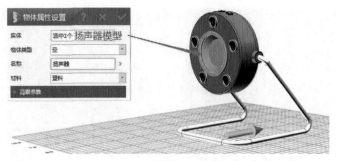

图 13-3

　　扬声器俗称喇叭，是一种将电信号转化为声信号的换能器件，广泛应用于各类发声的电子电气设备中。它主要由磁铁、线圈和锥形纸盆组成，如图 13-4 所示。

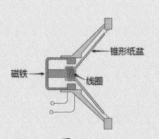

　　扬声器的工作原理是，通过在扬声器的线圈中通入携带声音信号、随时间变化的电流，使扬声器在不同的时间点受到不同的力，从而驱动纸盆发生振动，并发出声音。

图 13-4

13.2 成组固定

　　单击工具栏"组"工具组🔺中的"成组固定"按钮🔺，在弹出的"成组固定"对话框中，设置"实体"为支架、箱体、扬声器和 3 个按钮模型，如图 13-5 所示，单击✅按钮。

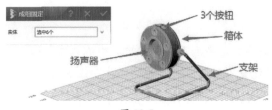

图 13-5

13.3 添加电子件模型

单击工具栏中的"设置电子件模型"按钮，在弹出的"设置电子件模型"对话框中，将"电子件类型"设置为"扬声器"，将"电子件"设置为扬声器模型（即 S11），如图 13-6 所示，单击✔按钮。

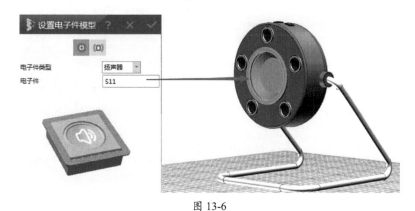

图 13-6

13.4 程序设计

声控音响主要使用扬声器播放声音，为声控音响装配扬声器电子件模型后，为了在仿真环境中达到声控的效果，需要使用表 13-1 中的积木编写程序。

表 13-1　声控音响用到的积木

指令模块	积木名称	说明
电子件	设置 扬声器 无电子件 播放 完成	设置扬声器播放音频
	设置 扬声器 无电子件 状态 播放	设置扬声器状态
语音技术	电脑麦克风 启动	启动电脑麦克风
	CN 中文 语音识别 持续 2 秒	中文语音识别
	语音识别结果 包含	语音识别结果

1. 打开资源库，单击"编程设置控制器"按钮 ![icon]，利用"电子件"指令模块导入本地音频文件，如图 13-7 所示。

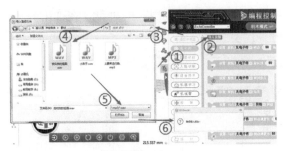

图 13-7

2. 编写启动语音识别程序，如图 13-8 所示。

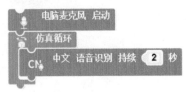

图 13-8

3. 编写语音识别结果程序，如图 13-9 所示。

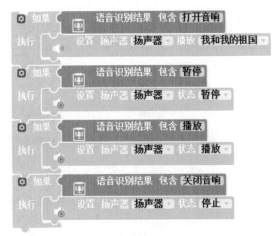

图 13-9

声控音响的完整程序如图 13-10 所示。

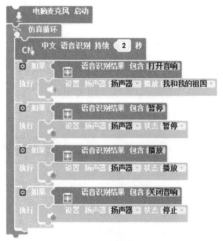

图 13-10

知识点拨

　　语音识别是语音交互中的基础环节，它利用机器自动将人类语音内容转化为文字，也称为 ASR（Automatic Speech Recognition）技术。语音识别是一门涉及多个学科的交叉学科，包括生理学、声学、信号处理、计算机科学、模式识别、语言学和心理学等。目前，语音识别技术已广泛应用于生活的各个方面，例如手机端的语音识别技术（如苹果的 Siri）、智能音箱助手（如阿里的天猫精灵）以及一系列智能语音产品（如科大讯飞等）。

　　语音识别的原理主要是将人类语音信号转化为计算机可以处理的数字信号。具体来说，语音识别过程主要包括语音信号前处理、特征提取和模式匹配等部分。图 13-11 展示了语音识别的基本原理框图。通过这些步骤，语音识别系统能够将输入的语音信号转化为计算机可读的数字信号，进而实现语音内容的自动化识别和理解。

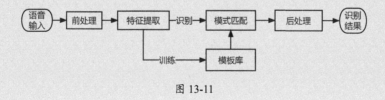

图 13-11

13.5 仿真测试

调整视角，单击浮动工具栏中的"进入仿真环境"按钮 ，然后单击"启动仿真"按钮 进行测试，查看能否通过语音识别功能控制音响的播放，如图 13-12 所示。

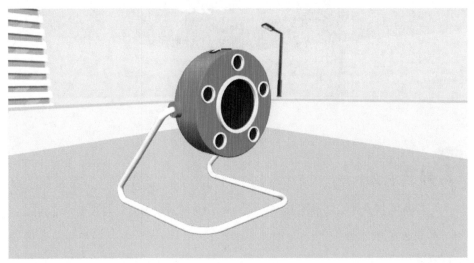

图 13-12

操作小技巧

启动仿真后，当出现"Recording"（录音中）对话框时，应进行语音录入。此时，仿真界面的左上角将显示"Identifying"（识别中），如图 13-13 所示。

图 13-13

通过本课对声控音响的学习，我们深入理解了语音识别技术的概念及其工作原理。此外，我们还对扬声器电子件模型进行了详细的了解，并掌握了其设置方法。同时，我们还学会了如何编写声控音响程序，从而将人工智能中的语音识别技术有效地融入到我们的学习中。

请根据本课学习的内容编写一个你最熟悉的语音对话程序，然后将你设计的作品与大家分享，看看能否实现人机对话任务。

自我评价

根据本课所讲内容的掌握情况，在表13-2中相应的"优秀""良好""待提高"位置画√。

表13-2 声控音响活动评价表

评价内容	优秀	良好	待提高
知道语音识别和扬声器，能够理解语音识别和扬声器的工作原理			
认识扬声器电子件模型并知道其设置方法			
认识 设置 扬声器 无电子件 播放 完成 、 设置 扬声器 无电子件 状态 播放 、 电脑麦克风 启动 、 CN 中文 语音识别 持续 2 秒 和 语音识别结果 包含 积木			
能够编写声控音响程序			
能够与大家分享自己编写的语音对话程序			

第 14 课

吸盘搬运车

学习目标

- 认识插销夹爪和真空吸盘电子件模型。
- 掌握插销夹爪和真空吸盘电子件模型的设置方法。
- 知道什么是真空吸盘，了解真空吸盘的工作原理。
- 熟悉  积木。
- 学会编写搬运车程序，并进入仿真系统进行验证和修改。

学习重点

- 认识插销夹爪和真空吸盘电子件模型。
- 掌握插销夹爪和真空吸盘电子件模型的设置方法。
- 能够编写搬运车程序，并且能够通过仿真，完成小车移动和夹取物体。

案例介绍

在社会进步和发展的推动下，各行各业为减轻人们的劳动强度并提高工作效率，纷纷涌现出各种类型的搬运车。其中，叉车搬运车和吸盘搬运车尤为常见。为了满足实际需求，本课将利用插销关节以及真空吸盘电子件模型，设计一款用于装卸货物的吸盘搬运车，如图 14-1 所示。

图 14-1

任务描述：启动仿真，利用 W、S、A 和 D 键控制吸盘搬运车移动，通过上方向键（↑）和下方向键（↓）调整载物平台的升降，通过左方向键（←）打开夹爪，通过右方向键（→）夹取方块。

案例制作

14.1 物体属性设置

1. 启动 3D One AI，打开"吸盘搬运车 .Z1"文件，如图 14-2 所示。

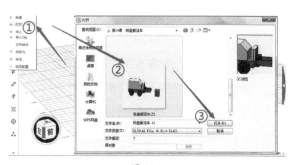

图 14-2

2. 选中车身模型，单击工具栏中的"物体属性设置"按钮，在弹出的"物体属性设置"对话框中，将"名称"设置为"车身"，将"质量"设置为"2.000kg"，将"物体正面"设置为"-0,-1,-0"，如图 14-3 所示，单击按钮。

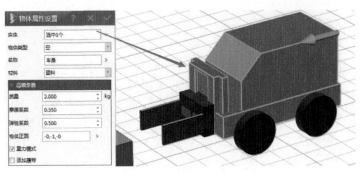

图 14-3

3. 选中插销夹爪模型，单击工具栏中的"物体属性设置"按钮 ，在弹出的"物体属性设置"对话框中，将"名称"设置为"插销夹爪"，将"质量"设置为"0.2kg"，如图 14-4 所示，单击 按钮。

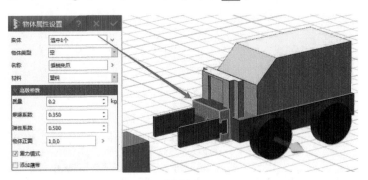

图 14-4

4. 分别选中插销夹爪中的左爪和右爪模型，单击工具栏中的"物体属性设置"按钮 ，在弹出的"物体属性设置"对话框中，将"名称"分别设置为"左爪"和"右爪"，将"质量"均设置为"0.001kg"，将"弹性系数"均设置为"0"，如图 14-5 所示，单击 按钮。

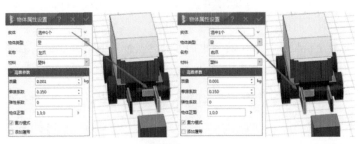

图 14-5

5. 选中六面体，单击工具栏中的"物体属性设置"按钮 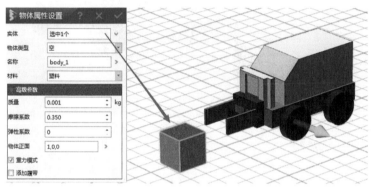，在弹出的"物体属性设置"对话框中，将"质量"设置为"0.001kg"，将"弹性系数"设置为"0"，如图14-6所示，单击 ✓ 按钮。

图 14-6

14.2 设置关节

1. 单击工具栏"关节"工具组 中的"智能关节"按钮 ，为吸盘搬运车的4个车轮设置关节，如图14-7所示，单击 ✓ 按钮。

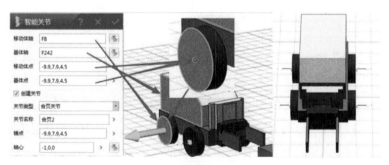

图 14-7

2. 单击工具栏"关节"工具组 中的"设置关节"按钮 ，在弹出的"关节设置"对话框中，将"实体1"设置为插销夹爪模型，将"实体2"设置为车身，将"轴心"设置为"−0,−0,−1"，将"关节紧度"设置为"1.000"，如图14-8所示，单击 ✓ 按钮。

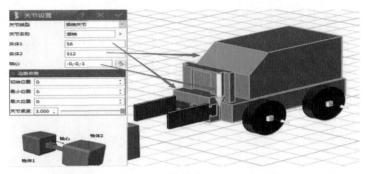

图 14-8

　　在设置关节轴心时，可以借助物体的边线，即将鼠标指针移动到指定的物体边线，直到出现方向箭头，如图 14-9 所示。

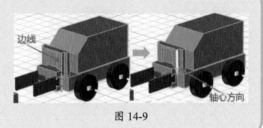

图 14-9

14.3 添加电子件模型

1. 单击工具栏中的"设置电子件模型"按钮 🔲，在弹出的"设置电子件模型"对话框中，将"电子件类型"设置为"插销夹爪"，将"夹爪"设置为插销夹爪模型（即 S6），将"左夹爪"设置为左爪模型（即 S32），将"左夹爪移动方向"设置为"1,0,0"，将"右夹爪"设置为右爪模型（即 S30），将"右夹爪移动方向"设置为"-1,0,0"，如图 14-10 所示，单击 ✔ 按钮。

图 14-10

2. 单击工具栏中的"设置电子件模型"按钮 🎛 , 在弹出的"设置电子件模型"对话框中, 将"电子件类型"设置为"真空吸盘", 分别为左爪和右爪添加真空吸盘电子件模型, 如图 14-11 所示。

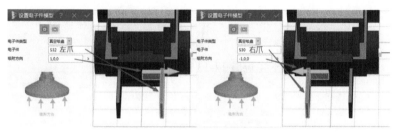

图 14-11

知识点拨

真空吸盘又称真空吊具, 是实现真空吸附的关键执行元件。真空吸附技术以其清洁、平稳、可靠和不损伤吸附物表面的优势, 广泛应用于各个领域。

真空吸盘的工作原理在于, 通过与真空设备连接的接管, 实现对被吸物品的吸附。具体过程为: 真空吸盘与被吸物品接触后, 启动真空设备以抽吸空气, 使吸盘内的空气被排出, 形成负气压, 从而实现对物品的牢固吸附, 进而进行物品的搬运。结构示意图如图 14-12 所示。

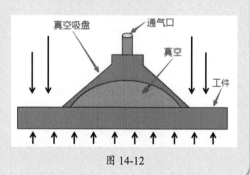

图 14-12

14.4 程序设计

吸盘搬运车主要通过吸盘电子件完成搬运任务, 为吸盘搬运车装配吸盘电子件模型后, 要想在仿真环境中达到搬运效果, 需要使用表 14-1 中的积木编写程序。

表 14-1　吸盘搬运车用到的积木

指令模块	积木	说明
电子件	设置 真空吸盘 无电子件 开启	设置真空吸盘开启 / 关闭
关　节	无关节 设置插销关节 移动 20 mm	设置插销关节移动

1. 设计搬运车移动程序，如图 14-13 所示。

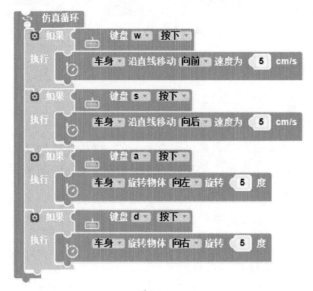

图 14-13

2. 设计插销夹爪升降程序，如图 14-14 所示。

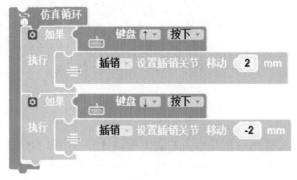

图 14-14

操作小技巧

单击"程序保存"按钮 📀，然后单击"控制页管理"右侧的下拉箭头，将吸盘搬运车移动程序添加到控制页中，此时在控制页管理中出现数字序号1，单击"ZwAiController"，新建一个控制页，如图14-15所示。

图 14-15

创建新的控制页是为了解决程序中多个零部件程序同步执行的问题。在仿真过程中，多个零部件的动作需要同步进行。然而，在同一控制页上无法实现多个零部件同步进行的程序编写。例如，本案例中的左爪和右爪的"开"与"合"两个动作无法在同一控制页上同时进行。因此，需要创建一个新的控制页来处理这些同步执行的操作。

3. 设计右爪开与合程序，如图14-16所示（软件中的"抓"应为"爪"）。

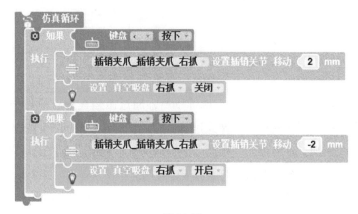

图 14-16

4. 设计左爪开与合程序，如图 14-17 所示。

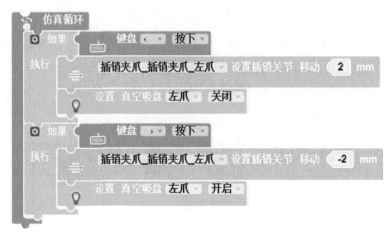

图 14-17

14.5 仿真测试

调整视角，单击浮动工具栏中的"进入仿真环境"按钮 ⏎，然后单击"启动仿真"按钮 ▶ 进行测试，查看能否通过键盘控制吸盘搬运车移动和抓取方块，如图 14-18 所示。

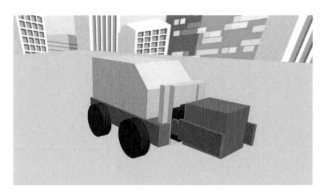

图 14-18

 分享交流

在商场、物流快递、企业、工地等场所，通过搬运车进行货物的搬运和装卸，可以有效提高工作效率。本课通过设计吸盘搬运车，使同学们深入理解了真空吸盘的工作原理，并掌握了插销关节的设置方法。同时，通过编写程序，同学们还"体验"了搬运车在实际生活中的重要应用。

请同学们打开"课后体验.Z1AI"文件，根据表 14-2 中的键盘按键功能，完成下列任务。

表 14-2　吸盘搬运车键盘按键功能

任务	按键名称	功能	按键名称	功能
移动吸盘搬运车	W	前进	S	后退
	A	左转	D	右转
升降机构	↑	上升	↓	下降
吸盘开启和关闭	空格键	关闭吸盘	Enter 键	开启吸盘

（1）编写移动吸盘搬运车程序、升降机构升降程序、吸盘开启和关闭程序。

（2）启动仿真并进行测试，将卸载区内的物资搬运到存储区。

（3）与大家分享对交流吸盘搬运车的体验，有没有需要改进的地方，然后规划一个吸盘搬运车修改方案。

根据本课所讲内容的掌握情况，在表 14-3 中相应的"优秀""良好""待提高"位置画√。

表 14-3　吸盘搬运车活动评价表

评价内容	优秀	良好	待提高
了解吸盘搬运车在生活中的用途			
认识插销夹爪和真空吸盘电子件模型			
掌握插销夹爪和真空吸盘电子件模型的设置方法			
知道什么是吸盘，了解真空吸盘及其工作原理			
编写搬运车程序			
完成课后体验，并且分享自己的体验			

第 15 课

物品分辨器

学习目标

- 知道什么是物品分辨器，了解物品分辨器的工作原理。
- 熟悉机器学习的概念，了解机器学习的工作原理。
- 认识  积木。
- 学会编写物品分辨器程序，并进入仿真系统进行验证和修改。

学习重点

- 熟悉机器学习的概念，了解机器学习的工作原理。
- 能够编写物品分辨器程序。

案例介绍

　　物品分辨器是一种专门用于辨别物品的设备，其工作原理基于机器学习技术。首先，我们需要将生活中的物品模型数据输入机器中，然后通过数据分析来识别实体物品是否存在或真假。为了实现这一目标，我们可以利用 3D One AI 中的"机器学习"指令模块来设计一款物品分辨器，如图 15-1 所示。

图 15-1

　　任务描述：启动仿真，开启电脑摄像头。在按下 A 键后，将开始对预先准备好的模型训练物品进行分类。通过摄像头截图以及对训练模型的数据分析，可以确定待分析物品的真实性。如果分类结果为真，那么将在电子显示屏上显示判断正确以及物品的名称；如果分类结果为假，那么在电子显示屏上仅显示判断错误，不显示物品的名称。

 知识点拨

　　　机器学习是人工智能领域的重要分支，通过训练让计算机系统从数据中学习、总结经验并改善性能，无须明确编程。算法从大型数据集中发现模式和相关性，根据数据分析结果做出最佳决策和预测，具有自我演进能力，数据越多，准确性越高。机器学习技术的应用无处不在，如表 15-1 所示。

表 15-1　机器学习在各行业中的应用

行业名称	应用说明
银行和金融	风险管理和欺诈预防是机器学习为金融业提供巨大价值的关键领域
医疗保健	机器学习可帮助改善病人护理，例如诊断工具、患者监测和预防疾病暴发
交通	机器学习可在交通领域起到积极作用，例如交通异常识别、送货路线优化和自动驾驶汽车
客户服务	机器学习可为客户服务行业提供支持，例如回答问题、衡量客户意图以及充当虚拟助手
零售业	机器学习可帮助零售商分析购买模式、优化产品 / 服务和定价，并使用数据改善总体客户体验
农业	机器学习能改善农业状况，例如开发机器人来解决劳动力短缺、诊断植物病害和监测土壤状况等问题

　　机器学习的工作原理涵盖了数据采集、数据预处理、特征提取以及模型训练等环节。在数据采集环节，我们利用多种渠道如传感器、日志、数据库、文本以及图像来收集数据。在数据预处理环节，主要任务是消除噪声、填充缺失值以及实现数据的归一化或标准化。在特征提取环节，则是从原始数据中提取有价值的信息，以用于预测或分类。在模型训练环节，则是依据所提供的特征进行分类器、回归器或聚类器的训练。在3D One AI 中，机器学习的运作流程是通过"训练模型"，对上传或拍摄的照片进行自动特征点提取，再让机器学习模型的特征，从而达到分类的目的。例如，本课中的物品分辨器就是通过上传喷水壶、水杯和烟灰缸等 3 组训练模型照片进行分类。如果分类结果是水杯，那么电子显示屏上就会显示"判断正确"和"水杯"字样，如图 15-2 所示。

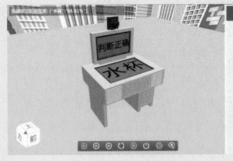

图 15-2

案例制作

15.1 物体属性设置

1. 启动 3D One AI，打开"物品分辨器 .Z1"文件，如图 15-3 所示。

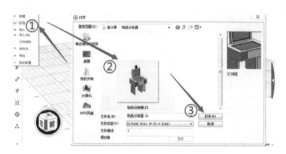

图 15-3

2. 选中竖屏模型，单击"物品属性设置"按钮，在弹出的"物品属性设置"对话框中，将"名称"设置为"判断显示电子屏"，如图 15-4 所示，单击 按钮。

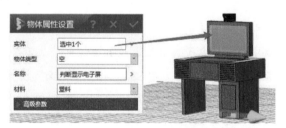

图 15-4

3. 同理，将横屏模型的"名称"设置为"名称显示电子屏"，如图 15-5 所示，单击 按钮。

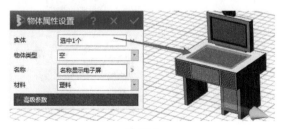

图 15-5

15.2 添加电子件模型

1. 单击工具栏中的"设置电子件模型"按钮 ，在弹出的"设置电子件模型"对话框中，将"电子件类型"设置为"电子显示屏"，将"电子件"设置为判断显示电子屏模型（即 S17），将"显示面"设置为显示屏模型凹进去的矩形面（即 F113），将"文字方向"设置为"1,0,-0"（即绿色箭头），如图 15-6 所示，单击 按钮。

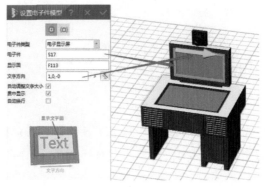

图 15-6

2. 单击工具栏中的"设置电子件模型"按钮 ，在弹出的"设置电子件模型"对话框中，将"电子件类型"设置为"电子显示屏"，将"电子件"设置为判断显示电子屏模型（即 S8），将"显示面"设置为显示屏模型凹进去的矩形面（即 F49），将"文字方向"设置为"1,0,0"（即绿色箭头），如图 15-7 所示，单击 按钮。

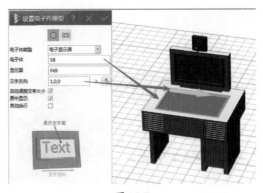

图 15-7

15.3 成组固定

单击工具栏"组"工具组 ⚛ 中的"成组固定"按钮 ⚛，对物品分辨器平台、判断显示电子屏和名称显示电子屏进行成组固定，如图 15-8 所示。

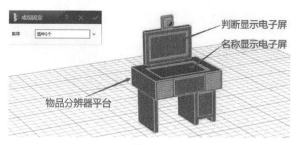

图 15-8

15.4 程序设计

物品分辨器依赖于计算机摄像头，借助机器学习技术对预设的训练模型进行分类。在导入预先准备好的训练模型图片后，为实现在模拟环境中对导入物品模型的分类效果，需利用表 15-2 中的积木编写程序。

表 15-2　物品分辨器用到的积木

指令模块	积木名称	说明
机器学习	电脑摄像头 启动	打开电脑摄像头
	开始 分类	用于通过机器学习进行分类识别
	分类结果 是 ？	用于获得机器学习的分类识别结果

1. 准备训练模型图片素材。

在自我训练模型的过程中，需要创建 3 个新的分类，并对每一类训练模型物品进行多个视角的拍摄，如图 15-9 所示。

在机器学习过程中，通过收集足够多的图片，机器可以训练识别该物品，并将其归类到相应的分类中。实际上，这种方法将传统的图像识别机器训练过程简化为界面交互形式，从而可以利用分类结果进行编程，实现一定的控制效果。

图 15-9

2. 创建训练模型。

单击资源库"机器学习"指令模块中的"训练模型"按钮，在弹出的"编程模块"对话框中输入分类名称"喷水壶"，单击 上传 按钮，将计算机中准备好的训练模型素材图片（喷水壶）上传到"编程模块"对话框，单击"打开"按钮，如图 15-10 所示。

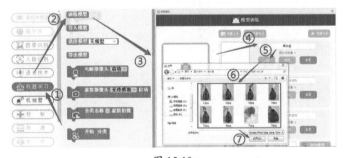

图 15-10

待上传完训练模型图片后，单击"编程模块"对话框右下角的"训练模型"按钮，待"开始处理"完毕后，在对话框右侧输入"模型名称"，单击"完成"按钮，关闭弹出的"保存成功"对话框，如图 15-11 所示。

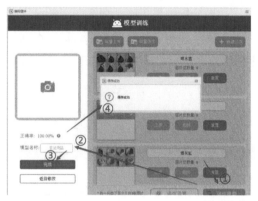

图 15-11

　　单击"训练模型"按钮则开始训练，在训练模型过程中，若没达成训练要求会出现相应提示。在保存结果之前会出现学习的正确率。输入的图片分为训练集和测试集两部分，正确率根据测试集进行计算，测试集为每一分类下的后20%的图片。

　　注意：需要输入分类名称，且每个分类至少上传8张照片，如图15-12所示，否则无法进行模型训练。

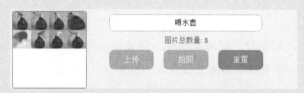

图 15-12

　　在实际操作中，如果单击"训练模型"按钮后，开始处理结果失败，可以重新上传图片，然后再次单击"训练模型"按钮即可。

同理，创建收音机和烟灰缸训练模型。

3. 编写物品分辨程序。

在鉴别物品真伪之前，需要先启动电脑摄像头，对创建的"训练模型"实物进行截屏识别和分析。如果分析结果正确，那么在判断显示电子屏和名称显示电子屏上将会显示"判断正确"和相应的分类结果名称。否则，在判断显示电子屏上将显示"判断错误"，而名称显示电子屏上将不显示分类结果名称。程序如图15-13 所示。

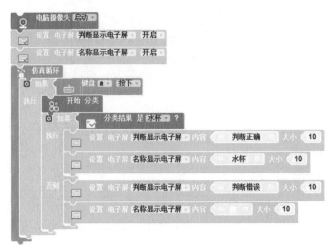

图 15-13

15.5 仿真测试

调整视角，单击浮动工具栏中的"进入仿真环境"按钮，然后单击"启动仿真"按钮进行仿真，将已上传的训练模型实物对准摄像头，按 A 键进行拍摄和开始分类，如果分类结果是水杯，则显示"判断正确"和"水杯"，否则显示"判断错误"及不显示训练模型名称，如图 15-14 所示。

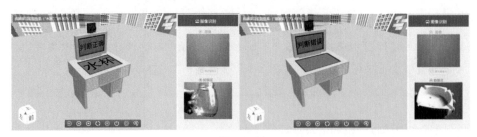

图 15-14

本课我们通过物品分辨器案例深入探讨了机器学习的定义和工作原理。同时，我们还掌握了在 3D One AI 中创建训练模型的方法，并学会了运用"机器学习"指令模块编写物品分辨器程序。通过本课的学习，我们不仅了解了机器学习的基本概念，还掌握了相关的技能和方法，为未来的学习和实践打下了坚实的基础。

机器学习已广泛应用于我们的日常生活。请思考你在生活中曾经见过或使用过的应用机器学习的物品，然后根据本课所学的知识，制定一个简单的机器学习案例设计方案，并附上设计草图以供大家共同探讨。

根据本课所讲内容的掌握情况，在表 15-3 中相应的"优秀""良好""待提高"位置画√。

表 15-3　物品分辨器活动评价表

评价内容	优秀	良好	待提高
知道什么是机器学习			
能够了解机器学习的工作原理			
能够掌握在 3D One AI 中创建训练模型的方法			
能够利用 电脑摄像头 启动 、 开始 分类 和 分类结果 是 ？ 积木编写物品分辨器程序			
能够制定机器学习简单案例设计方案并画出案例草图			

第 3 篇　设置电子件模型之传感器

　　传感器是一种装置，其作用是将一种形式的信息转换为另一种形式的信息。在机器人领域中，传感器分为内部传感器和外部传感器。内部传感器安装在机器人内部，主要用于感知机器人的自身状态，从而调整和控制机器人的行动。这些传感器通常包括位置、加速度、速度和压力传感器。外部传感器则用于检测环境和目标的状态特征，使机器人能够与环境进行交互作用，具有自校正和自适应能力。这些传感器包括触觉传感器、视觉传感器、接近觉传感器和听觉传感器等，如下图所示。

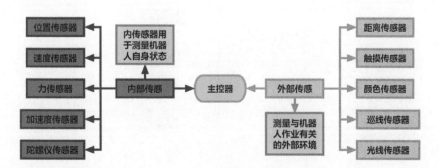

　　本篇将系统地介绍 3D One AI 中提供的硬件设置类电子件模型，包括循迹传感器、距离传感器、力传感器、颜色传感器和位置传感器等。同时，我们还将根据具体的案例内容，进行相关程序设计的讲解。

　　本篇课程安排如下页图所示。

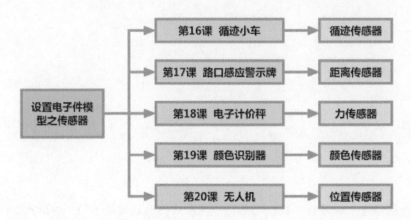

在内容环节设计上与第 2 篇的类似，如下图所示，其中案例制作是内容环节中最重要的，这个环节主要是通过步骤讲解的方式，让初学者了解每一个案例的设计制作过程。

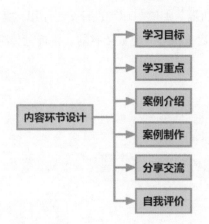

第 16 课

循迹小车

学习目标

- 了解循迹传感器。
- 认识循迹传感器电子件模型。
- 掌握循迹传感器电子件模型的设置方法。
- 认识"虚拟传感器"指令模块中的  和 循迹传感器 无传感器 检测到 左边 是轨迹 ？ 积木。
- 通过程序的编写，知道循迹传感器中的 4 个条件。
- 学会编写循迹小车程序，并进入仿真系统进行验证和修改。

学习重点

- 了解循迹传感器的工作原理。
- 掌握循迹传感器电子件模型的设置方法。
- 通过程序的编写，知道循迹传感器中的 4 个条件。

案例介绍

　　循迹小车是一款能够根据循迹传感器判断路线并沿着设定路线行驶，以完成指定任务的机器人小车。它在工业、军事、安防和科研等领域具有广泛的应用价值。例如，自动化仓库中的 AGV 小车就是一款典型的循迹小车，可以按照预先设定的路线完成货物搬运和存储等任务。图 16-1 展示了循迹小车的实际应用场景。

图 16-1

本课我们利用循迹传感器电子件模型设计一款循迹小车，如图 16-2 所示。

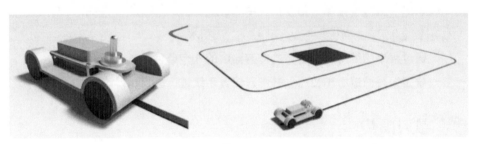

图 16-2

任务描述：启动仿真，循迹传感器开始检测行驶路径，如果未能检测到轨迹信号，循迹小车将保持向前行驶的状态；如果在循迹传感器左侧检测到轨迹信号，循迹小车将执行右转弯操作；如果在循迹传感器右侧检测到轨迹信号，循迹小车将执行左转弯操作；如果循迹传感器同时检测到左右两侧的轨迹信号，循迹小车停止行驶。

案例制作

16.1 物体属性设置

1. 启动 3D One AI，打开"循迹小车 .Z1"文件，如图 16-3 所示。

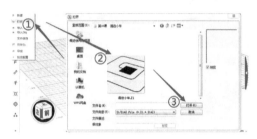

图 16-3

2. 选中场地模型，单击工具栏中的"物体属性设置"按钮 ，在弹出的"物体属性设置"对话框中，将"物体类型"设置为"地形"，如图 16-4 所示，单击 按钮。

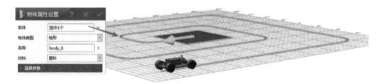

图 16-4

3. 选中车身模型，单击工具栏中的"物体属性设置"按钮 ，在弹出的"物体属性设置"对话框中，将"名称"设置为"车身"，将"物体正面"设置为"-1,-1,-0"，如图 16-5 所示，单击 按钮。

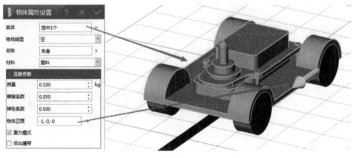

图 16-5

16.2 设置关节

1. 单击工具栏"关节"工具组 中的"设置关节"按钮 ，在弹出的对话框中将"实体 1"设置为车轮，将"实体 2"设置为车身，如图 16-6 所示。

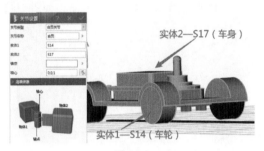

图 16-6

2. 单击鼠标右键，在弹出的快捷菜单中选择"曲率中心"命令，单击车轮边线，设定"锚点"位置，即车轮截面中心，如图 16-7 所示。

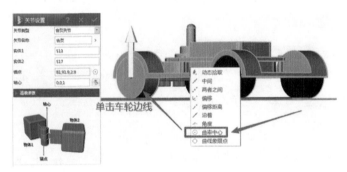

图 16-7

3. 移动鼠标指针至车轮截面，设置"轴心"为"0,-1,0"，如图 16-8 所示，单击 按钮。

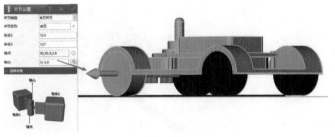

图 16-8

4. 参照步骤 1 ~ 3，为其他 3 个车轮设置关节。

16.3 添加电子件模型

单击工具栏中的"设置电子件模型"按钮，在弹出的"设置电子件模型"对话框中，将"传感器类型"设置为"循迹传感器"，其他参数设置如图 16-9 所示，单击 ✓ 按钮。

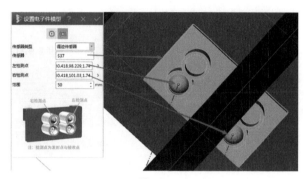

图 16-9

知识点拨

循迹传感器可自由选择左右两侧的灰度检测点，以确定在特定方位检测到的物体是否具有指定颜色，如图 16-10 所示。

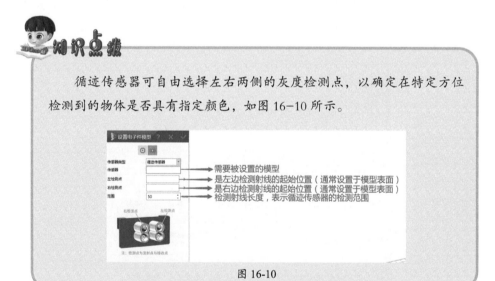

图 16-10

16.4 成组固定

单击工具栏"组"工具组中的"成组固定"按钮，对车身和寻迹传感器进行绑定，如图 16-11 所示。

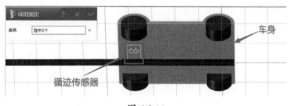

图 16-11

16.5 程序设计

为小车装配上循迹传感器电子件模型后，要想让小车实现循迹行驶，还需要使用表 16-1 中的积木编写程序。

表 16-1　循迹小车用到的积木

指令模块	积木	说明
(⚙) 虚拟传感器	设置 循迹传感器 无传感器 启用	设置循迹传感器启用/禁止
	循迹传感器 无传感器 检测到 左边 是轨迹 ？	循迹传感器检测轨迹

使用"虚拟传感器"指令模块中的 设置 循迹传感器 无传感器 启用 和 循迹传感器 无传感器 检测到 左边 是轨迹 积木，编写程序，如图 16-12 所示。

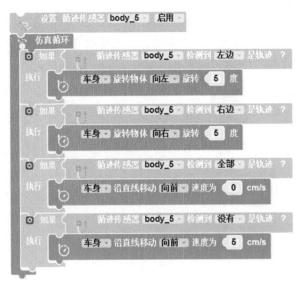

图 16-12

16.6 仿真测试

调整视角，单击浮动工具栏中的"进入仿真环境"按钮 ，然后单击"启动仿真"按钮 进行测试，查看循迹小车能否沿着设定的轨迹行驶，如图 16-13

所示。

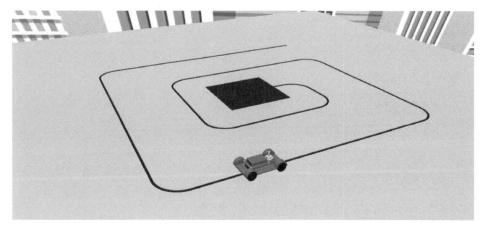

图 16-13

循迹传感器不仅在工业、科研、安防等领域发挥着重要作用，同时也渗透到我们的日常生活中。本课通过设计循迹小车案例，使同学们了解了循迹传感器的定义及其工作原理，掌握了循迹传感器电子件模型的设置方法，并学会了如何编写循迹小车的程序。

小明家买了一台扫地机器人，但是他发现扫地机器人工作的时候，房间内有些地方打扫不到，请同学们利用本课所学的只是，帮助小明设计一个解决方案，并与大家分享。

自我评价

根据本课所讲内容的掌握情况，在表16-2中相应的"优秀""良好""待提高"位置画√。

表 16-2　循迹小车活动评价表

评价内容	优秀	良好	待提高
知道什么是循迹传感器			
了解循迹传感器的工作原理			
认识循迹传感器电子件模型			
掌握循迹传感器电子件模型的设置方法			
能够利用 设置 循迹传感器 无传感器 启用 和 循迹传感器 无传感器 检测到 左边 是轨迹 ? 积木编写循迹小车程序			
能够帮助小明设计一个解决"扫地机器人打扫卫生时，房间内有些地方打扫不到"问题的方案			

第 17 课

路口感应警示牌

学习目标

- 知道什么是距离传感器，了解距离传感器的工作原理。
- 认识距离传感器电子件模型，掌握距离传感器电子件模型的设置方法。
- 认识  积木。
- 学会编写路口感应警示牌程序，并进入仿真系统进行验证和修改。

学习重点

- 了解距离传感器的工作原理。
- 掌握距离传感器电子件模型的设置方法。

案例介绍

随着社会的不断进步以及人们生活水平的持续提升，汽车已经成为了广大民众出行所必不可少的交通工具。然而，交通事故在我们的生活中仍然时有发生，给人们的生命和财产安全带来了严重威胁。为了有效避免交通事故的发生，现在的交通路口都配备了交通警示牌，如图 17-1 所示。

图 17-1

本课我们将借助距离传感器电子件模型来设计一款路口感应警示牌，如图 17-2 所示。该警示牌通过距离传感器来检测车辆和行人的存在，从而触发警示信息的发布。

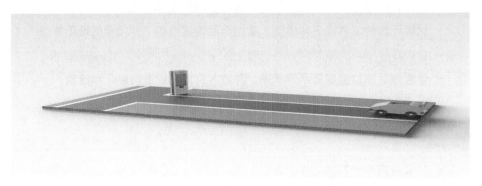

图 17-2

任务描述：启动仿真，小车向前行驶。一旦小车行驶到距离传感器检测的范围内，路口感应警示牌的红灯将亮起，同时电子显示屏将显示"前方路口注意安全"警示字样，小车将停止行驶。

案例制作

17.1 物体属性设置

1. 启动 3D One AI，打开"路口感应警示牌 .Z1"文件，如图 17-3 所示。

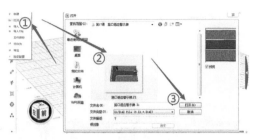

图 17-3

2. 选中场地模型，单击工具栏中的"物体属性设置"按钮，在弹出的"物体属性设置"对话框中，将"物体类型"设置为"地形"，将"弹性系数"设置为"0"，如图 17-4 所示，单击 按钮。

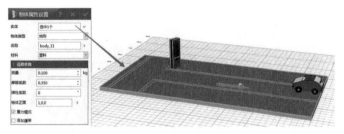

图 17-4

3. 选中车身模型，单击工具栏中的"物体属性设置"，在弹出的"物体属性设置"对话框中，将"名称"设置为"车身"，将"物体正面"设置为"-1,-1,-0"，如图 17-5 所示，单击 按钮。

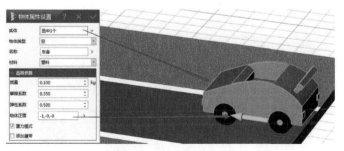

图 17-5

17.2 设置关节

1. 单击工具栏"关节"工具组中的"设置关节"按钮，在弹出的对话框中，将"实体 1"和"实体 2"分别设置为车轮和车轴，如图 17-6 所示。

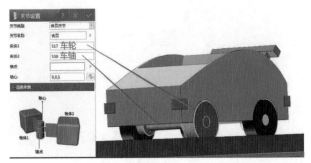

图 17-6

2. 单击鼠标右键，在弹出的快捷菜单选择"曲率中心"命令，单击车轮边缘，设定"锚点"位置，即车轮截面中心，如图 17-7 所示。

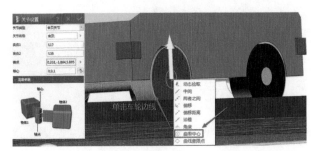

图 17-7

3. 移动鼠标指针至车轮截面，设置"轴心"为"−0,−1,0"，如图 17-8 所示，单击 ✓ 按钮。

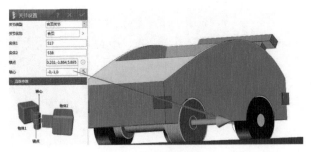

图 17-8

4. 参照步骤 1 ～ 3，为其他 3 个车轮设置关节。

17.3　添加电子件模型

1. 单击工具栏中的"设置电子件模型"按钮 ，在弹出的"设置电子件模型"对话框中，将"电子件类型"设置为"RGB 灯"，将"电子件"设置为 RGB 灯模型（即 S5），将"打开颜色"设置为红色，将"关闭颜色"设置为灰色，如图 17-9 所示，单击 按钮。

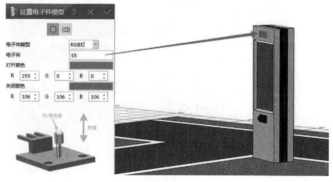

图 17-9

2. 单击工具栏中的"设置电子件模型"按钮 ，在弹出的"设置电子件模型"对话框中，将"电子件类型"设置为"电子显示屏"，将"电子件"设置为感应警示牌灯模型（即 S4），将"显示面"设置为警示牌模型凹进去的矩形面（即 F56），将"文字方向"设置为白色箭头所指方向（文字方向决定着文字的排列），取消勾选"自动调整文字大小"复选框，勾选"居中显示"和"自动换行"复选框，如图 17-10 所示，单击 按钮。

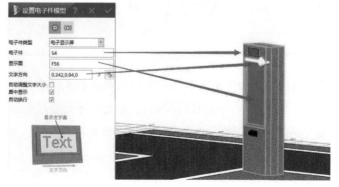

图 17-10

3. 单击工具栏中的"设置电子件模型"按钮，在弹出的"设置电子件模
型"对话框中，将"传感器类型"设置为"距离传感器"，将"传感器"
设置为距离传感器模型（即 S8），将"起始位置"设置为距离传感器模
型表面，将"射线方向"设置为白色箭头所指方向，将"范围"设置为
"50mm"，如图 17-11 所示，单击　按钮。

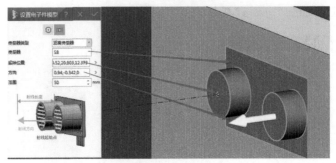

图 17-11

　　距离传感器，又叫位移传感器，是传感器中的一种，主要用于感应
其与某物体之间的距离，以实现预设的特定功能。距离传感器类似于望
远镜的电子设备，如图 17-12 所示。

图 17-12

　　距离传感器主要由发射点和接收点两大部分构成，其核心原理是发
射点会发射声波，当声波遇到障碍物后，会返回并由接收点接收。通过
这种方式，距离传感器可以检测到它与障碍物之间的距离，如图 17-13
所示。

图 17-13

　　在 3D One AI 中，距离传感器在检测过程中会构建一条透明的虚拟射线，该射线可以计算与其他模型的碰撞情况，从而探测前方的物体并返回距离测量数值，如图 17-14 所示。

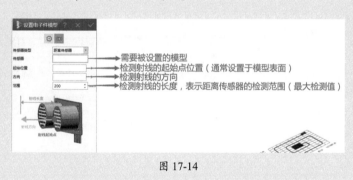

图 17-14

17.4　成组固定

1. 单击工具栏"组"工具组 ⚛ 中的"成组固定"按钮 ⚛，对车身和两根车轴进行绑定，如图 17-15 所示。

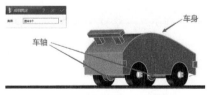

图 17-15

2. 单击工具栏"组"工具组 ⚛ 中的"成组固定"按钮 ⚛，对场地、感应警示牌、距离传感器和 RGB 灯进行绑定，如图 17-16 所示。

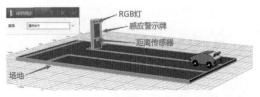

图 17-16

17.5 程序设计

为路口感应警示牌装配距离传感器、电子显示屏和 RGB 灯电子件模型后，若要实现在三维仿真环境中检测到小车，并触发电子显示屏显示"前方路口注意安全"以及点亮红灯，需使用表 17-1 中的积木编写距离传感器检测到小车的距离程序。

表 17-1　路口感应警示牌用到的积木

指令模块	积木	说明
虚拟传感器	设置距离传感器 无传感器 启用	设置距离传感器启用 / 禁止
	获取距离传感器 无传感器 测量距离 mm	获取距离传感器的检测范围
逻辑	=	根据输入的两个结果进行比较，判断是否返回"真"

1. 编写小车向前行驶程序，如图 17-17 所示。

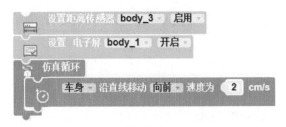

图 17-17

2. 编写距离传感器检测到小车，路口警示牌警示程序，如图 17-18 所示。

图 17-18

路口感应警示牌的完整程序如图 17-19 所示。

图 17-19

17.6 仿真测试

调整视角，单击浮动工具栏中的"进入仿真环境"按钮 ，然后单击"启动仿真"按钮 进行测试，查看能否实现小车行驶到距离传感器检测范围内，路口感应警示牌红灯亮起，电子屏显示"前方路口注意安全"警示字样，小车停止行驶等任务，如图 17-20 所示。

图 17-20

路口警示牌在现实生活中发挥了重要作用，保障了人们的出行安全，尤其是减少了交通事故的发生。通过本课的学习，我们了解了路口感应警示牌的设计过

程，也进一步认识了距离传感器及其工作原理。在此过程中，我们也深刻认识到过马路时遵守交通规则和查看路口车辆状况的重要性。因此，我们应时刻牢记"宁等一分，不抢一秒"的安全理念，确保自身和他人的安全。

思考与分享

距离传感器作为一款能够检测其与物体之间距离的电子件，想一想，在我们生活中，哪些生活用品可以用到距离传感器。结合自己对身边生活用品性能的了解，使用距离传感器对生活用品加以改善，使其更加智能化，制定一个使用距离传感器改善生活用品，使其智能化的设计方案，并与大家分享。

自我评价

根据本课所讲内容的掌握情况，在表 17-2 中相应的"优秀""良好""待提高"位置画√。

表 17-2　路口感应警示牌活动评价表

评价内容	优秀	良好	待提高
知道什么是距离传感器			
了解距离感器的工作原理			
认识距离传感器电子件模型			
掌握距离传感器电子件模型的设置方法			
能够利用  、 获取距离传感器 无传感器 测量距离 mm 和 ◁ ▷ = 积木编写路口感应警示牌程序			
能够制定使用距离传感器改善生活用品，使其智能化的设计方案			

第18课

电子计价秤

学习目标

- 知道什么是力传感器，了解力传感器的工作原理。
- 认识力传感器电子件模型，掌握力传感器电子件模型的设置方法。
- 认识  积木。
- 学会创建变量。
- 学会编写电子计价秤程序，并进入仿真系统进行验证和修改。

学习重点

- 了解力传感器的工作原理。
- 掌握距离传感器电子件模型的设置方法和学会创建变量。
- 能够利用 ![设置力传感器 无传感器 启用] 和 ![获取力传感器 无传感器 测量力度] 积木编写程序。

案例介绍

秤，作为衡量轻重的工具，与人们的日常生活密不可分。无论是购买蔬菜、水果等日常生活用品，还是其他物品，都需要通过秤来确保所购物品的重量准确无误。随着科技的飞速发展，电子秤技术也得到了迅速提升，如今我们身边随处可见各种类型的电子秤，如图 18-1 所示。

图 18-1

电子秤是一种用于称量物体重量的电子设备，其内部使用了力传感器来感测物体的重量。力传感器的工作原理是利用应变片的变形来测量重量的大小。

本课我们将利用力传感器电子件模型来设计一款电子计价秤，如图 18-2 所示。该计价秤主要由秤脚、秤架、秤盘、立杆和显示器等几部分组成。从结构上来看，它主要分为承重系统（如秤盘）、传力转换系统（如力传感器）和示值系统（如电子显示仪表）。该计价秤的功能是对承重物体进行称量，并能直接显示出物体的承重重量和价格。

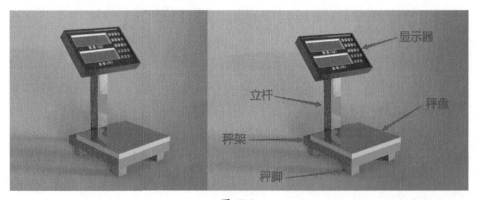

图 18-2

任务描述：每次重置仿真后，启动仿真，方块落在秤盘上，显示器就会显示所承重的重量和金额。

案例制作

18.1 物体属性设置

1. 启动 3D One AI，打开"电子计价秤.Z1"文件，如图 18-3 所示。

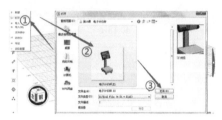

图 18-3

2. 选中秤架模型，单击工具栏中的"物体属性设置"按钮，在弹出的"物体属性设置"对话框中，将"质量"设置为"1.000kg"，如图 18-4 所示，单击✔按钮。

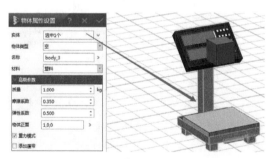

图 18-4

3. 选中显示器模型中的上显示屏模型，单击工具栏中的"物体属性设置"按钮，在弹出的"物体属性设置"对话框中，将"名称"设置为"重量显示屏"，如图 18-5 所示，单击✔按钮。

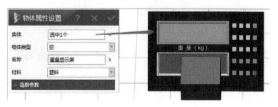

图 18-5

4. 同理，将显示器模型中的下显示屏模型的"名称"设置为"金额显示屏"，
   如图 18-6 所示，单击 ✓ 按钮。

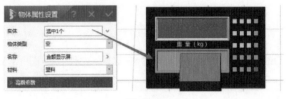

图 18-6

5. 选中秤盘模型，单击工具栏中的"物体属性设置"按钮 ，在弹出的"物
   体属性设置"对话框中，将"名称"设置为"秤盘"，将"弹性系数"设
   置为"0"，如图 18-7 所示，单击 ✓ 按钮。

图 18-7

6. 选中方块模型，单击工具栏中的"物体属性设置"按钮 ，在弹出的"物
   体属性设置"对话框中，将"弹性系数"设置为"0"，如图 18-8 所示，
   单击 ✓ 按钮。

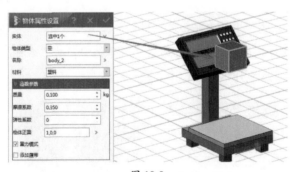

图 18-8

18.2 添加电子件模型

1. 单击工具栏中的"设置电子件模型"按钮█，在弹出的"设置电子件模型"对话框中，将"电子件类型"设置为"电子显示屏"，将"电子件"设置为重量显示屏模型（即S25），将"显示面"设置为重量显示屏模型凹进去的矩形面（即F546），将"文字方向"设置为"1,0,-0"（即绿色箭头），如图18-9所示，单击█按钮。

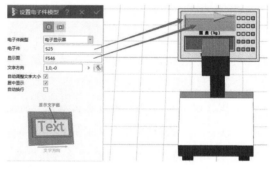

图 18-9

2. 同理，为金额显示屏模型设置电子件模型，如图18-10所示。

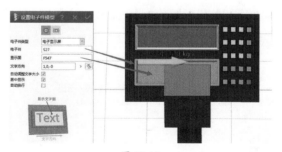

图 18-10

3. 单击工具栏中的"设置电子件模型"按钮█，在弹出的"设置电子件模型"对话框中，将"传感器类型"设置为"力传感器"，将"传感器"设置为秤盘模型（即S9），将"检查方向"设置为"0,0,1"（即黄色箭头），如图18-11所示，单击█按钮。

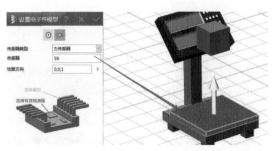

图 18-11

力传感器是一种能够将物体施加的力转化为电信号输出的装置，可用于测量压力、重量、扭矩等物理量。

力传感器的工作原理是对所施加的力作出响应，并将力值转换成可测量的量。在医疗设备中，力传感器可以测量患者的心率、血压等生理参数；在桥梁监测中，力传感器可以测量桥梁的荷载情况，从而判断桥梁的安全性等。

在 3D One AI 中，力传感器用于检测传感器模型指定方向与其他模型碰撞时所受力的大小，其电子件模型设置如图 18-12 所示。

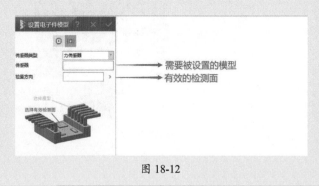

图 18-12

18.3 成组固定

单击工具栏"组"工具组 中的"成组固定"按钮 ，对秤架、秤盘和显示器（含重量显示屏和金额显示屏）进行绑定，如图 18-13 所示。

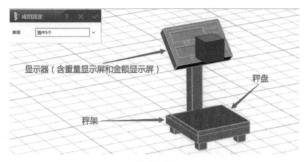

图 18-13

18.4 程序设计

为电子计价秤装配力传感器电子件模型后，要想在三维仿真环境中检测到力的值，需要使用表 18-1 中的积木编写程序。

表 18-1　电子计价秤用到的积木

指令模块	积木	说明	备注
虚拟传感器	设置力传感器 无传感器 启用	设置距离传感器启用 / 禁止	
	获取力传感器 无传感器 测量力度 N	获取距离传感器检测范围	
变量	赋值 重量 为	设置此变量，以使它和输入值相等	创建变量后，才会出现这两种积木
	重量	返回此变量的值	

1. 创建变量"重量"和"金额"。

单击资源库中的"编程设置控制器"按钮 ，打开"编程控制器"面板，单击"变量"指令模块，再单击"创建变量"按钮，在弹出的对话框中输入新变量名称"重量"，最后单击"OK"按钮，如图 18-14 所示。

图 18-14

同理，创建"金额"变量。

2. 设置电子秤称重"重量"和"金额"。

在电子计价秤上，不同物品的称重会显示出不同的重量和价格。为了模拟这种现实生活中的情况，在此程序中，我们将"重量"这一变量设为 1 ~ 100kg 的随机整数，如图 18-15 所示。

图 18-15

为了实现根据物品重量不同计算不同金额的功能，在此设定重量与金额之间的换算关系，具体操作为将变量"金额"设为"重量 ×10"，如图 18-16 所示。

图 18-16

变量"重量"和"金额"的完整程序如图 18-17 所示。

图 18-17

3. 编写电子计价秤称重程序，如图 18-18 所示。

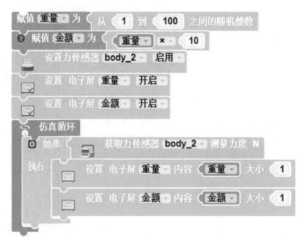

图 18-18

18.5 仿真测试

调整视角，单击浮动工具栏中的"进入仿真环境"按钮 ↩，然后单击"启动仿真"按钮 ▶ 进行测试，方块落在秤盘上，查看电子计价秤是否显示方块的重量和金额，如图 18-19 所示。

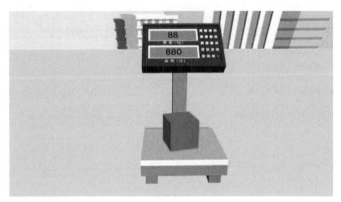

图 18-19

分享交流

经过本课的学习，我们通过设计电子计价秤，深入了解了力传感器的工作原理，掌握了力传感器电子件模型的设置方法，同时学会了电子计价秤程序的编写。

思考与分享

想一想，在生活中，你知道哪些领域应用了力传感器？在该领域，力传感器起到了什么作用？

自我评价

根据本课所讲内容的掌握情况，在表18-2中相应的"优秀""良好""待提高"

位置画√。

表 18-2　电子计价秤活动评价表

评价内容	优秀	良好	待提高
知道什么是力传感器			
了解力传感器的工作原理			
认识力传感器电子件模型			
掌握力传感器电子件模型的设置方法			
学会创建变量			
能够利用 [设置力传感器 无拇编器 启用]、[读动力传感器 无拇编器 调提力度 N]、[赋值 重量 为] 和 重量 积木编写电子计价秤程序			
能够举例说明力传感器在生活中的应用			

第19课

颜色识别器

学习目标

- 知道什么是颜色传感器，了解颜色传感器的工作原理。
- 认识颜色传感器电子件模型，掌握颜色传感器电子件模型的设置方法。
- 认识  积木。
- 学会编写颜色识别器程序，并进入仿真系统进行验证和修改。

学习重点

- 了解颜色传感器的工作原理。
- 掌握颜色传感器电子件模型的设置方法。
- 能够利用 设置颜色传感器 无传感器 启用 和 无传感器 检测颜色为 RGB值偏差 10 积木编写程序。

案例介绍

　　颜色识别器是一种传感器设备，用于检测和识别物体表面的颜色。在现代工业生产中，它被广泛应用于各种工业检测和自动控制领域。例如，在电子翻印方面，颜色识别器可用于实现颜色的真实复制；在商品包装领域，通过探测相邻标签的颜色，可实现自动控制。

本课我们利用 3D One AI 中的颜色传感器电子件模型设计一款颜色识别器，如图 19-1 所示。

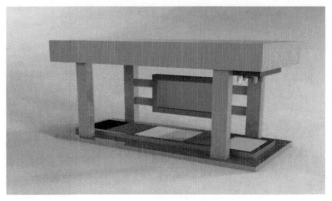

图 19-1

任务描述：启动仿真，通过键盘中的左右方向键控制颜色检测系统，如果颜色传感器检测到相应颜色，电子显示屏就会显示检测到的颜色名称。

案例制作

 物体属性设置

1. 启动 3D One AI，打开"颜色识别器 .Z1"文件，如图 19-2 所示。

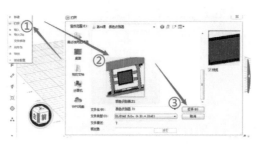

图 19-2

2. 选中支架模型，单击工具栏中的"物体属性设置"按钮，在弹出的"物体属性设置"对话框中，将"物体类型"设置为"地形"，如图 19-3 所示，单击 按钮。

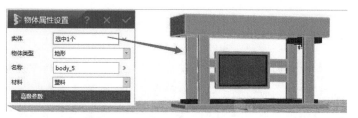

图 19-3

3. 选中滑动模块模型，单击工具栏中的"物体属性设置"按钮 ，在弹出的"物体属性设置"对话框中，将"名称"设置为"滑动模块"，将"物体正面"设置为"0,1,0"，即红色箭头所指方向（注意这里"物体正面"方向的参照线为物体的边缘线），如图 19-4 所示，单击 按钮。

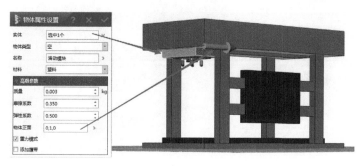

图 19-4

19.2 设置关节

单击工具栏"关节"工具组 中的"设置关节"按钮 ，在弹出的对话框中，将"关节类型"设置为"插销关节"，将"实体 1"设置为滑动模块，将"实体 2"设置为颜色识别器的支架，将"轴心"设置为"−0,1,−0"，将"关节紧度"设置为"1.000"，如图 19-5 所示。

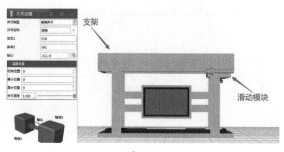

图 19-5

19.3 添加电子件模型

1. 单击工具栏中的"设置电子件模型"按钮，在弹出的"设置电子件模型"对话框中，将"电子件类型"设置为"电子显示屏"，将"电子件"设置为显示屏模型（即 S13），将"显示面"设置为显示屏模型凹进去的矩形面（即 F104），将"文字方向"设置为"0,-1,-0"（即红色箭头）如图 19-6 所示，单击 按钮。

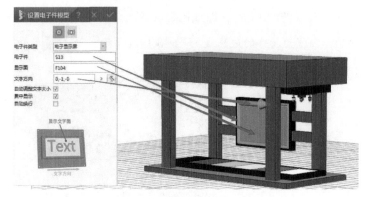

图 19-6

2. 单击工具栏中的"设置电子件模型"按钮，在弹出的"设置电子件模型"对话框中，将"传感器类型"设置为"颜色传感器"，将"传感器"设置为颜色传感器模型（即 S8），将"起始位置"设置为颜色传感器集成芯片表面中心，将"方向"设置为"0,-0,-1"（即黄色箭头），如图 19-7 所示，单击 按钮。

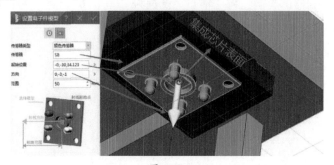

图 19-7

颜色传感器，也称为色彩传感器，是一种通过将目标颜色与先前已示教的参考颜色进行比较来检测颜色的装置。该传感器主要由 LED、集成芯片和遮光罩 3 部分构成，如图 19-8 所示。

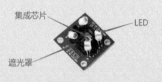

图 19-8

在 3D One AI 中，颜色传感器采用的是 RGB 颜色传感器，软件后台构建一条透明的虚拟射线，通过射线检测相交的模型碰撞点，以检测目标物体对红（R）、绿（G）、蓝（B）三基色的反射比率，从而鉴别物体颜色（RGB）。颜色传感器电子件模型设置如图 19-9 所示。

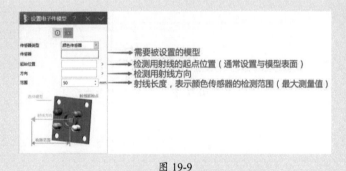

图 19-9

19.4 成组固定

1. 单击工具栏"组"工具组🔺中的"成组固定"按钮🔺，对颜色识别器的支架、显示屏和颜色条进行成组固定，如图 19-10 所示。

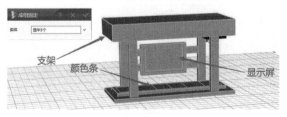

图 19-10

2. 同理，将颜色识别器的滑动模块和颜色传感器进行成组固定，如图 19-11 所示。

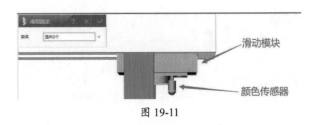

滑动模块

颜色传感器

图 19-11

19.5 程序设计

为颜色识别器装配颜色传感器电子件模型后，要想在三维仿真环境中显示测试颜色的效果，需要使用表 19-1 中的积木编写分辨颜色程序。

表 19-1 颜色识别器用到的积木

指令模块	积木	说明	备注
虚拟传感器	设置颜色传感器 无传感器 启用	设置颜色传感器启用 / 禁止	RGB 偏差值越大，传感器检测的颜色准确率越高
	无传感器 检测颜色为 RGB值偏差 10	传感器检测颜色 RGB 偏差值	

1. 编写键盘控制滑动模块移动程序，如图 19-12 所示。

图 19-12

2. 编写检测颜色程序，如图 19-13 所示。

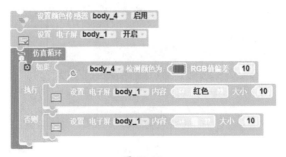

图 19-13

颜色识别器的完整程序如图 19-14 所示。

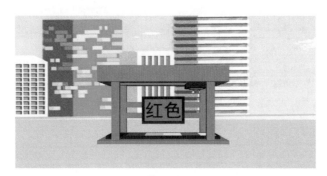

图 19-14

19.6 仿真测试

调整视角，单击浮动工具栏中的"进入仿真环境"按钮，然后单击"启动仿真"按钮进行测试，通过键盘左右方向键控制颜色检测系统，对颜色进行检测。如果颜色传感器检测到红色，电子显示屏将显示"红色"字样，如图 19-15 所示，否则电子显示屏无内容显示。

图 19-15

本课通过设计颜色识别器，使我们对颜色传感器有了深入的认识，了解了其

工作原理，并掌握了如何设置颜色传感器电子件模型，以及如何编写颜色识别器程序。

思考与分享

根据本课所学内容，在本课颜色识别器程序的基础上，编写能够检测出其他颜色的程序，然后启动仿真进行测试，颜色识别器能否识别出其他的颜色？对不能检测出颜色的程序，你有什么好的解决方法吗？把你的解决方法与大家分享。

自我评价

根据本课所讲内容的掌握情况，在表 19-2 中相应的"优秀""良好""待提高"位置画√。

表 19-2　颜色识别器活动评价表

评价内容	优秀	良好	待提高
知道什么是颜色传感器			
能够了解颜色传感器的工作原理			
掌握颜色传感器电子件模型的设置方法			
能够利用 设置颜色传感器 无传感器 启用 和 无传感器 检测颜色为 RGB油墨类 10 积木 编写程序			
能够分享找到不能解决检测出颜色结果的方法			

第 20 课

无人机

学习目标

- 知道什么是四翼无人机，了解四翼无人机的工作原理。
- 认识位置传感器，了解位置传感器的工作原理。
- 认识位置传感器电子件模型，掌握位置传感器电子件模型的设置方法。
- 认识  和 积木。
- 学会创建一个不带输出值的函数。
- 学会编写简单无人机定位飞行程序，并进入仿真系统进行验证和修改。

学习重点

- 了解位置传感器的工作原理。
- 了解四翼无人机的工作原理。
- 能够编写简单无人机定位飞行程序。

案例介绍

　　随着科技的飞速进步，无人机已逐渐融入人们的日常生活，为航拍、快递运输、灾难救援等领域提供了极大的便利。通过精心的编排和设计，无人机编舞表演已经成为一种独特的艺术形式，为人们带来了全新的视觉体验，如图 20-1 所示。

图 20-1

本课我们利用 3D One AI 中的位置传感器电子件模型设计一款具有定位功能的四翼无人机，如图 20-2 所示。

图 20-2

任务描述：启动仿真，螺旋桨转动，无人机逐渐升空并稳定在预定的高度 1 秒，然后向前飞行并穿过一个预设的方框，继续飞向预定的目标地点。在到达目标地点后，无人机将等待 1 秒，最后降落在红色的指定区域。

案例制作

20.1 物体属性设置

1. 启动 3D One AI，打开"无人机 .Z1"文件，如图 20-3 所示。
2. 选中无人机模型，单击工具栏中的"物体属性设置"按钮，在

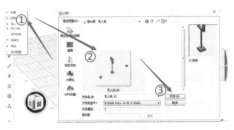

图 20-3

弹出的"物体属性设置"对话框中，将"名称"设置为"无人机"，将"质量"设置为"1000.000kg"，将"弹性系数"设置为"0.000"，将"物体正面"设置为"1,0,0"，取消勾选"重力模式"复选框，如图 20-4 所示，单击  按钮。

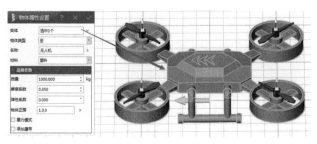

图 20-4

知识点拨

　　将"质量"设置为"1000.000kg"，目的是防止无人机在空中飞行时发生翻滚，增强无人机飞行时的稳定性；将"弹性系数"设置为"0.000"，目的是防止无人机降落到终点红色区域时出现抖动现象；将"物体正面"设置为"1,0,0"，目的是确定无人机向前飞行的方向。

3. 选中无人机左前方的电机模型，单击工具栏中的"物体属性设置"按钮 ，在弹出的"物体属性设置"对话框中，将"名称"设置为"电机 1"，取消勾选"重力模式"复选框，如图 20-5 所示所示，单击  按钮。

图 20-5

4. 采用同样的方法，将图 20-6 所示的右前方、右后方和左后方的 3 个电机进行物体属性设置，将名称依次改为电机 2、电机 3 和电机 4。

5. 选中敏捷圈支架模型，单击工具栏中的"物体属性设置"按钮 ，在弹出的"物

图 20-6

体属性设置"对话框中，将"物体类型"设置为"地形"，如图 20-7 所示所示，单击 ✓ 按钮。

图 20-7

6. 选中终点红色区域模型，单击工具栏中的"物体属性设置"按钮📷，在弹出的"物体属性设置"对话框中，将"物体类型"设置为"地形"，如图 20-8 所示所示，单击 ✓ 按钮。

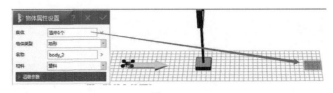

图 20-8

20.2 设置关节

1. 调整视角，单击工具栏"关节"工具组🔗中的"关节设置"按钮🔗，在弹出的"关节设置"对话框中，将"实体 1"设置为螺旋桨模型，将"实体 2"设置为电机 1 模型，如图 20-9 所示。

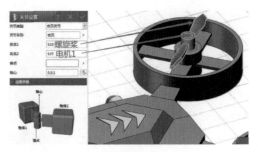

图 20-9

2. 单击鼠标右键，在弹出的快捷菜单中选择"曲率中心"命令，弹出"曲率中心"对话框，将"曲线"设置为螺旋桨轴截面边缘线上的任意一点，如图 20-10 所示。

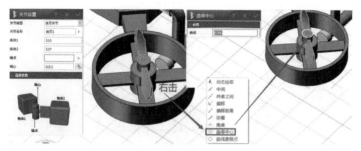

图 20-10

3. 单击确认后,将"轴心"设置为"0,0,1",如图 20-11 所示,单击 ✓ 按钮。

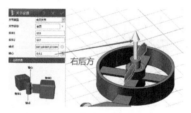

图 20-11

4. 采用通用的方法,依次设置其他螺旋桨的合页关节,如图 20-12 所示,单击 ✓ 按钮。

图 20-12

20.3 添加电子件模型

1. 单击工具栏中的"设置电子件模型"按钮,在弹出的"设置电子件模型"对话框中,将"电子件类型"设置为"马达",将"电子件"设置为电机 1 模型(即 S37),将"正速度方向"设置为"-0,0,1",如图 20-13

所示，单击  按钮。

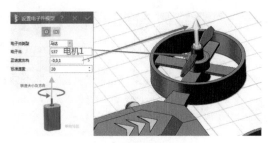

图 20-13

2. 采用同样的方法，为电机 2、电机 3 和电机 4 添加马达电子件模型。

3. 单击工具栏中的"设置电子件模型"按钮 ，在弹出的"设置电子件模型"对话框中，将"传感器类型"设置为"位置传感器"，将"传感器"设置为无人机模型（即 S4），将"起始位置"设置为无人机底面中心，如图 20-14 所示，单击 按钮。

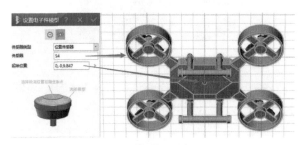

图 20-14

知识点拨

位置传感器是一种特殊的传感器，其功能是检测物体的位置，以及物体相对于某一特定参考点的位置。通常情况下，位置传感器由传感和参考点两部分构成。位置传感器的工作原理是，当物体移动至参考点附近时，传感器会检测出物体的位置，并将这一信号发送给控制器。控制器在接收到信号后，会进一步计算出物体相对于参考点的位置，从而实现对物体位置的精准测量。

在工业领域，位置传感器被广泛应用于机器人操控、机器视觉系统、家用电器及汽车中，以实现对物体位置的精确控制和测量。

在 3D One AI 中，位置传感器用于实时检测传感器模型的坐标位置。通过编程，可以获取特定模型在仿真过程中的实时坐标，并基于该实时坐标做出特定的响应，如图 20-15 所示。

图 20-15

20.4 成组固定

单击工具栏"组"工具组 中的"成组固定"按钮 ，对无人机模型和 4 个电机模型进行成组固定，如图 20-16 所示。

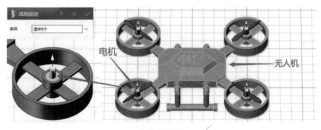

图 20-16

20.5 程序设计

为无人机装配位置传感器电子件模型后，要想在三维仿真环境中完成无人机起飞，然后向前飞行，最后落到指定的红色区域，需要使用表 20-1 中的积木编写无人机起飞、前进和降落的程序。

表 20-1　无人机用到的积木

指令模块	积木	说明
（◎）虚拟传感器	设置位置传感器 无传感器 启用	设置位置传感器启用/禁止
	获取位置传感器 无传感器 位置坐标 X	获取位置传感器位置坐标
（Ⅲ）物　理	重置 无实体 线速度 方向为 X 1 Y 0 Z 0 值为 20 cm/s	重置线速度方向的坐标值
f(x) 函　数	至 做点什么 空白	创建一个不带输出值的函数

1. 编写螺旋桨转动程序，如图 20-17 所示，单击"保存程序"按钮 。

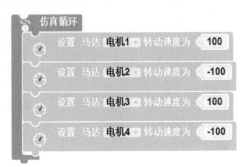

图 20-17

知识点拨

　　四旋翼无人机配备有四个螺旋桨，每个螺旋桨由一个电机驱动。当电机驱动螺旋桨向下吹风时，根据作用力与反作用力的原理，空气会对螺旋桨产生向上的升力。螺旋桨转速的增加会导致升力增大，当升力大于无人机的重力时，无人机就会上升；反之，螺旋桨转速的降低会导致升力减小，当升力小于无人机的重力时，无人机就会下降。

　　在飞行过程中，无人机需要一对螺旋桨顺时针旋转，而另一对螺旋桨逆时针旋转。事实上，无人机所使用的螺旋桨有正桨和反桨之分，一对正桨由顺时针旋转的电机驱动，一对反桨则由逆时针旋转的电机驱动，每对螺旋桨都呈轴对称放置。

　　为了保证四旋翼无人机飞行的稳定性，前后端（①、③号）的旋翼沿逆时针方向旋转，从而可以产生逆时针方向的扭矩；而左右端（②、④号）的旋翼则沿顺时针方向旋转，从而产生顺时针方向的扭矩。这样不仅能够使每个桨都产生向上的力，而且能够使正桨和反桨给机体带来的转速相互抵消，从而使无人机在飞行过程中更加稳定，如图20-18所示。

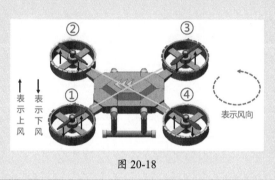

图 20-18

2. 创建不带输入值的函数。

　　新建一个控制页，单击"编程设置控制器"按钮 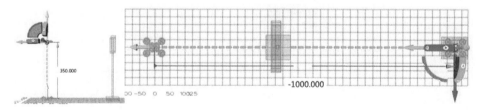，打开"编程控制器"面板，单击"函数"指令模块中的 积木，结合"虚拟传感器"指令模块中的 和 积木、"物理"指令模块中的 积木，再根据无人机到方框的高度和无人机到终点红色方块中心的长度（见图20-19），分别创建图20-20所示的函数。

图 20-19

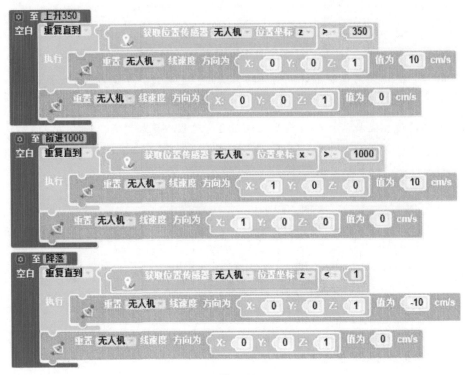

图 20-20

3. 编写无人机飞行的程序，如图 20-21 所示，单击"保存程序"按钮 ![]。

图 20-21

20.6 仿真测试

调整视角，单击浮动工具栏中的"进入仿真环境"按钮 ![]，然后单击"启动仿真"按钮 ![] 进行仿真，观察无人机能否完成上升、前进和降落任务，如图 20-22 所示。

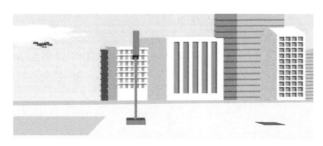

图 20-22

本课我们通过无人机的设计，深入了解了位置传感器的功能和工作原理。同时，我们还掌握了位置传感器电子件模型的设置方法。此外，我们还学会了创建一个不带输入值的函数和无人机简单定位飞行程序设计。

想一想，在我们的生活中最能体现位置传感器的家用电器是什么，将你对这款家用电器的认识与大家分享。

![自我评价]

根据本课所讲内容的掌握情况，在表 20-2 中相应的"优秀""良好""待提高"位置画√。

表 20-2　无人机活动评价表

评价内容	优秀	良好	待提高
知道什么是位置传感器			
能够了解位置传感器的工作原理			
学会创建一个不带输入值的函数			
能够编写无人机简单定位飞行程序			
能够分享对生活中最能体现位置传感器的家用电器的认识			

第4篇　综合实践

在前 3 篇内容的学习中，我们已成功掌握了 3D One AI 的操作技巧和方法，并熟悉了"设置电子件模型"对话框中的电子件类型及其设置方法。通过学习"编程设置控制器"中的 14 个指令模块，包括虚拟传感器、电子件、图像识别、人脸识别、语音技术、机器学习、控制、物理、关节、逻辑、循环、数学、变量和函数，我们已成功掌握了编程技巧，并培养了逻辑思维的能力。

本篇旨在将前 3 篇所学的方法和技巧运用到实践中，让学生通过绘制流程图的方式设计程序编写思路，进而提升学生的逻辑思维能力和独立解决问题的能力。

本篇课程安排如下图所示。

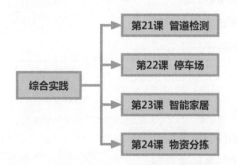

在内容环节设计上与前几篇的类似，其中程序设计是内容环节中最重要的，如下图所示。

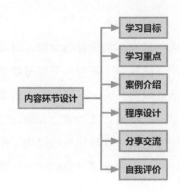

管道检测

学习目标

- 了解管道检测的意义。
- 学会流程图的绘制方法。
- 绘制管道检测任务的流程图。
- 编写管道检测程序。

学习重点

- 掌握流程图的绘制方法。
- 绘制管道检测任务的流程图。

案例介绍

管道检测在我们的生活中具有至关重要的地位，对我们的生活产生了深远的影响。例如，燃气管道爆炸、暖气管道爆裂、下水道堵塞等事件，都会对人们的人身安全和日常生活造成严重威胁。因此，管道检测机器人在这种情况下发挥了关键作用。这些机器人不仅可以检测管道的腐蚀和泄漏情况，还可以检查管道中是否存在堵塞物，从而为管道的及时维修和疏通提供了便利。通过使用管道检测机器人，我们可以更加及时地发现和处理潜在的管道问题，保障我们的生活质量和安全。

本课所涉及的管道检测，旨在利用配备摄像头和距离传感器电子设备的管道检测机器人，对管道进行细致的检查。我们的目标在于及时发现并确定是否存在堵塞物。在检测过程中，一旦机器人发现堵塞物，将立即将相关信息传送至电子显示屏。仿真环境如图 21-1 所示。

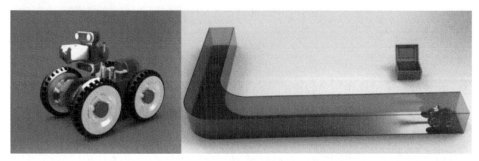

图 21-1

任务描述：启动仿真，管道检测机器人沿管道向前行驶，当检测到前方有管道内壁时，应向右旋转；若检测到堵塞物，需将相关信息传送至电子显示屏，随后停止工作。管道检测所涉及的电子件模型如表 21-1 所示。

表 21-1　电子件模型

电子件类型	电子件名称		用途
电子件	RGB 灯	左探照灯	照明
		右探照灯	
	电子显示屏		显示获取的信息
	虚拟摄像头		获取图像信息
传感器	距离传感器		监测与障碍物的距离

程序设计

21.1　打开文件

启动 3D One AI，打开"管道检测 .Z1AI"文件（注意这里打开的是".Z1AI"格式的文件），如图 21-2 所示。

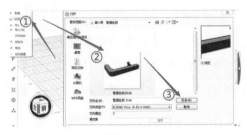

图 21-2

21.2 设计启用或开启电子件模型程序

在管道检测过程中，寻找机器人路径、获取检测信息以及接收反馈信息等环节都至关重要。在本案例中，距离传感器、虚拟摄像头和电子显示屏等电子件是必不可少的设备。为了更好地进行管道检测机器人在管道中的检测，本环节的任务是启动仿真后，启用或开启距离传感器、虚拟摄像头、电子显示屏等电子件模型。

根据任务画出启用或开启电子件模型的程序流程图，并编写该程序。

知识点拨

　　流程图是一种利用特定的图形符号和注释来展示算法的图。在编程领域，利用图形展示算法的思路是一种非常有效的手段。流程图能够清晰地呈现算法的逻辑结构和执行流程，有助于编程人员更好地理解和实现算法。因此，流程图已成为计算机科学领域中被广泛使用的手段之一。流程图常用的图形符号如表 21-2 所示。

表 21-2　流程图常用图形符号

符号	名称	定义
▬	开始 / 结束框	表示流程图的开始或者结束
▮	流程框	表示流程中要执行或处理的某些内容
◆	判定框	表示对流程中某一条件进行判断，用来决定执行不同操作的其中一个
▰	输入 / 输出框	表示资料的输入或结果的输出，一般用作数据处理
→	流程线	表示流程执行的方向与顺序，分为单向流程线、双向流程线等

　　例如，第 8 课的传送带程序的流程图如图 21-3 所示。

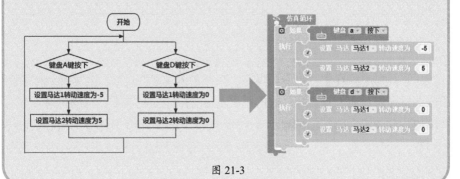

图 21-3

21.3 设计探照灯亮起程序

根据工作需求，将在阴暗环境中执行管道检测任务的管道检测机器人，为了清晰地获取管道内部信息，需要在行驶过程中启用探照灯以提供照明。因此，在本环节任务中，机器人需要按照程序要求依次执行以下操作：启用或开启电子件模型、左探照灯亮起、右探照灯亮起等，以确保任务的顺利完成。

设计程序流程图

根据本环节任务画出探照灯亮起程序的流程图，并编写该程序。

21.4 设计检测距离程序

在管道检测过程中，距离传感器发挥着至关重要的作用，它能够精确测量管道检测机器人与前方障碍物之间的距离。这个电子件对于管道检测机器人成功避开障碍物并继续向前行驶具有决定性的作用。因此，本环节任务的核心是设计一个程序，当探照灯亮起后，如果距离传感器检测到距离小于 100mm 时，管道检测机器人的车身会向右旋转 20°；否则，管道检测机器人会以 10cm/s 的速度直线向前移动。

根据本环节任务画出检测距离程序的流程图，并编写该程序。

21.5 设计图片颜色识别程序

为了准确检测管道堵塞物，管道检测机器人自带的摄像头在管道检测中发挥了重要作用。通过摄像头获取堵塞物图像信息，从而能准确判断堵塞物的种类、大小、形状等情况，为后续疏通工作提供重要参考。

在本案例中，管道堵塞物为黄色的方块模型，在仿真过程中，通过图像识别中的图片颜色识别，让虚拟摄像头识别堵塞物黄色方块的颜色，如果识别到黄色，电子显示屏就会显示反馈的检测信息。为此，本环节的任务就是继设计检测距离程序后，启动图片颜色识别，如果图片颜色识别结果为黄色，电子显示屏就会显示"发现堵塞物"，退出控制程序，管道检测机器人停止工作。

根据本环节任务画出图片颜色识别程序的流程图，并编写该程序。

21.6 仿真测试

调整视角，单击浮动工具栏中的"进入仿真环境"按钮，然后单击"启动仿真"按钮，左右探照灯亮起，距离传感器开始检测。如果检测到前方有障碍物，管道检测机器人右转，否则管道检测机器人沿直线向前行驶；如果管道检测机器人检测到黄色方块，电子显示屏显示"发现堵塞物"，如图 21-4 所示，管道检测机器人停止工作。

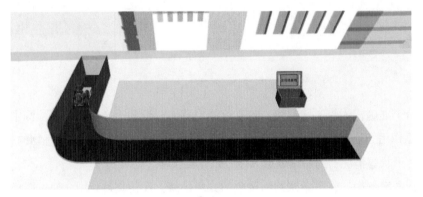

图 21-4

分享交流

管道检测在确保管道疏通、检修等方面，为保障人身安全、方便出行和改善生活环境带来了极大的便利。通过本课的学习，我们深入了解了管道检测的意义，熟悉了流程图绘制方法及其常用符号，并学会了绘制管道检测程序的流程图。

思考与分享

想一想，通过本课的学习，你在学习过程中遇到了哪些问题？对于遇到的问题是怎样解决的？对于本课的案例制作，在管道检测机器人的功能上有没有需要修改的地方？请根据你的想法对管道检测机器人进行修改，编写相应的程序并进行仿真检测。能否将你的方法实现？

自我评价

　　根据本课所讲内容的掌握情况，在表 21-3 中相应的"优秀""良好""待提高"位置画√。

表 21-3　评价表

评价内容	优秀	良好	待提高
了解管道检测的意义			
知道常用的流程图符号			
能够使用流程图常用的符号制作本课各环节的任务流程图			
能够根据本课各环节的任务流程图，编写管道检测程序			
通过本课的学习，对管道检测有更深入的理解			

第 22 课

停车场

学习目标

- 知道什么是停车场。
- 了解停车场的用途。
- 能够利用流程图常用符号设计停车场程序的流程图。
- 能够结合停车场程序流程图编写停车场程序。

学习重点

能够设计停车场流程图和编写停车场程序。

案例介绍

停车场是专为车辆提供停放服务的场所。在各种类型的停车场中，既有仅划定停车格而无人管理和收费的简易停车场，也有配备出入栏口和专职人员管理并收费的停车场。然而，随着科技的飞速进步和人工智能在日常生活中的应用，一种集车辆出入、采集车辆信息、收费等自动化系统于一体的停车场应运而生。本课将探讨如何利用图像识别中的图片文字识别和距离检测技术，设计一个能自动采集车辆信息并控制车辆自动进入的停车场。仿真环境如图 22-1 所示。

图 22-1

　　任务描述：启动仿真，观察蓝色车辆在停车场入口的行动。摄像头将对蓝色车辆的车牌进行识别和信息采集。如果摄像头成功识别出蓝色车辆的车牌信息，入口栏杆将自动升起，允许蓝色车辆进入停车场。若识别失败，入口栏杆将保持原位，拒绝车辆进入。红色车辆在驶至停车场出口时，如果距离传感器能够检测到它的存在，出口栏杆将自动升起，允许红色车辆驶出停车场。否则，出口栏杆将保持原位，阻止车辆离开。

　　本案例涉及的电子件模型如表 22-1 所示。

表 22-1　电子件模型

电子件类型	电子件名称	用途
电子件	舵机	控制入口和出口栏杆的抬起和落下
	电子显示屏	显示获取的车辆车牌信息
	虚拟摄像头	识别车辆车牌
传感器	距离传感器	监测与车辆之间的间距

程序设计

22.1　打开文件

　　启动 3D One AI，打开"停车场 .Z1AI"文件，如图 22-2 所示。

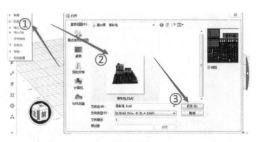

图 22-2

22.2 设计车辆行驶程序

为了在 3D One AI 中虚拟仿真车辆的进出，可利用键盘按键控制车辆的行驶方向，控制车辆行驶的键盘按键如表 22-2 所示。

表 22-2　控制车辆行驶的键盘按键

	绿色车辆		红色车辆
↑	向前	W	向前
↓	向后	S	向后
←	向左	A	向左
→	向右	D	向右

1. 绿色车辆行驶程序流程图设计。

本环节的任务是在启动仿真后，按照指定的键盘按键来控制绿色车辆的行驶方向。当按下键盘上的方向键↑时，绿色车辆将沿直线向前移动，速度为 5cm/s；当按下键盘上的方向键↓时，绿色车辆将沿直线向后移动，速度为 5cm/s；当按下键盘上的左方向键←时，绿色车辆将向左旋转 5°；当按下键盘上的右方向键→时，绿色车辆将向右旋转 5°。

设计程序流程图

根据本环节任务画出绿色车辆行驶程序的流程图，并编写该程序。

2. 红色车辆行驶程序流程图设计。

新建一个控制页，本环节的任务是在启动仿真后，按照指定的键盘按键来控制红色车辆的行驶方向。当按下键盘上的 W 键时，红色车辆将沿直线向前移动，速度为 5cm/s；当按下键盘上的 S 键时，红色车辆将沿直线向后移动，速度为 5cm/s；当按下键盘上的 A 键时，红色车辆将向左旋转 5°；当按下键盘上的 D 键时，红色车辆将向右旋转 5°。

根据本环节任务画出红色车辆行驶程序流程图，并编写该程序。

22.3 设计车辆进出停车场程序

本案例所构建的停车场具备自动采集车辆车牌信息以及控制出入口栏杆升降的功能。在实现这一过程时，我们运用了虚拟摄像头来采集车辆的车牌信息，距离传感器则负责检测与车辆之间的距离，电子显示屏用于显示采集到的车辆车牌信息，而舵机则承担着控制出入口栏杆升降的任务。通过这样的设计，我们能够有效地实现停车场出入口的自动化管理。

1. 设计启动电子件模型程序。

在仿真过程中，启动电子件模型是至关重要的环节，因为只有启动相应的电子件模型，才能实现相应电子件模型的功能。因此，本环节的任务是进入仿真后，首先启动虚拟摄像头、距离传感器和电子显示屏。

　　根据本环节任务画出启动电子件模型程序的流程图，并编写该程序。

　　2.　设计车辆进入停车场程序。

　　在停车场管理系统中，准确采集驶入停车场的车辆车牌信息，是确保车辆安全与计费准确性的关键环节。因此，在启动电子件模型后，图像文字识别系统亦随之启动。若识别结果为"鲁 P88888"等有效车牌信息，电子显示屏将准确显示相应的车辆车牌信息，同时入口栏杆会抬起，以允许车辆顺利进入。若识别结果不符合规定要求，电子显示屏将不会显示车牌信息，同时入口栏杆回到原点，即入口栏杆落下，以防止无效车辆进入。这种管理方式不仅有效维护了停车场的安全与秩序，而且实现了更为精准的计费和管理。

　　根据本环节任务画出绿色车辆进入停车场程序的流程图，并编写该程序。

3. 设计车辆驶出停车场程序。

在本案例中，车辆驶出停车场的程序设计相对简单。通过采用距离传感器来检测车辆与出口栏杆之间的距离，从而实现自动控制出口栏杆的升降。

在原有车辆进入停车场程序的基础上，我们将增加一个新的条件判断，当距离传感器测量的距离小于 50mm 时，出口栏杆应立即抬起并保持 3 秒，然后自动回到原点，即出口栏杆落下。否则，出口栏杆将保持原点状态。

 **设计程序流程图**

根据本环节任务画出车辆驶出停车场程序的流程图，并编写该程序。

22.4 仿真测试

调整视角，单击浮动工具栏中的"进入仿真环境"按钮 ，然后单击"启动仿真"按钮 。在仿真环境中，当车辆进出停车场时，虚拟摄像头将识别绿色车车牌"鲁 P88888"。一旦识别成功，电子显示屏将显示该车牌号"鲁 P88888"，入口栏杆将抬起以允许绿色车辆进入停车场。当绿色车辆驶入停车场后，电子显示屏上的车牌信息会消失，入口栏杆会放下。如果距离传感器检测到红色车辆正在接近出口，出口栏杆将抬起以允许红色车辆驶出停车场。当红色车辆驶出停车场后，出口栏杆将放下。仿真环境如图 22-3 所示。

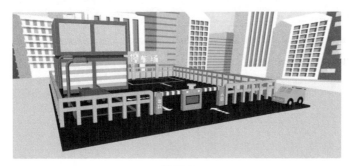

图 22-3

停车场在我们的日常生活中扮演着重要的角色，为人们的出行停车提供了极大的便利，解决了人们外出停车休息的问题。通过本课的学习，我们了解了停车场及其用途，并学会了使用图像识别中的图片文字识别技术采集车辆车牌信息。此外，我们还知道了通过舵机可以控制出入口栏杆的抬起和落下。

思考与分享

想一想，通过本课的学习，你在学习过程中遇到了哪些问题？对于遇到的问题你是如何解决的？

基于本课所提供的案例，编写一个程序来模拟红色车辆驶入停车场的情景。随后，在仿真过程中，当红色车辆驶出停车场后，将其向后移动至停车场入口，并观察虚拟摄像头是否能够成功采集红色车辆的车牌信息。同时，请注意入口栏杆是否在此时自动抬起。

自我评价

根据本课所讲内容的掌握情况，在表 22-3 中相应的"优秀""良好""待提高"位置画√。

表 22-3　评价表

评价内容	优秀	良好	待提高
了解停车场及其用途			
能够通过图像识别中的图片文字识别采集车辆车牌信息			
完成车辆进出停车场任务			
通过本课的学习解决遇到的问题			
完成红色车辆驶入停车场任务			

第 23 课

智能家居

学习目标

- 知道什么是智能家居。
- 了解智能家居是怎样改善人们生活的。
- 能够利用流程图常用符号设计智能家居各个任务的程序流程图。
- 能够结合智能家居各个任务程序流程图编写智能家居程序。

学习重点

能够设计智能家居流程图和编写智能家居程序。

案例介绍

随着互联网和人工智能技术的飞速发展，智能家居已经逐渐成为人们生活中的重要组成部分。智能家居是在现代时尚家具的基础上，将组合智能、电子智能、机械智能、物联智能等多种技术巧妙地融合在家具产品中，从而提升家居的安全性、便利性、舒适性和艺术性。同时，智能家居还实现了环保节能的居住环境。本课我们将利用 3D One AI 的人脸检测和语音识别功能来设计并制作一款智能家居模型。仿真环境如图 23-1 所示。

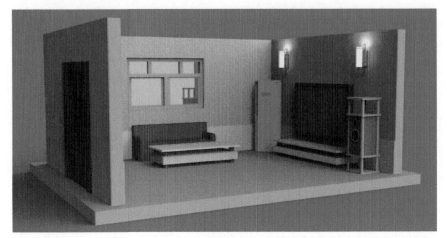

图 23-1

任务描述：启动仿真，借助人脸检测技术实现房门的自动开启，同时利用语音识别技术对窗户、灯、空调和音响等设备的开关状态进行控制，达到智能家居的智能化目的。

本案例所涉及的电子件模型如表 23-1 所示。

表 23-1　电子件模型

电子件类型	电子件名称	用途
电子件	RGB 灯	为房间照亮
	扬声器	播放音乐
	电子显示屏	显示空调温度
	舵机	控制空调扇叶打开或关闭
关节	插销关节	门窗的开关
语音识别	电脑麦克风	通过采集人的声音控制室内家具打开或关闭
人脸识别	电脑摄像头	人脸检测

程序设计

23.1 打开文件

启动 3D One AI，打开"智能家居 .Z1AI"文件，如图 23-2 所示。

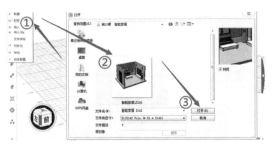

图 23-2

23.2 设计启动电子件模型程序

作为智能家居的重要组成部分，智能电子系统发挥着不可或缺的作用。为了在 3D One AI 中实现智能家居的人脸检测和语音识别功能，启动仿真后，务必启动电脑摄像头、电脑麦克风和电子显示屏。随后，可以启动人脸检测功能，并设置朗读人声及中文语音识别的持续时间。

设计程序流程图

根据本环节任务画出启动电子件模型程序的流程图，并编写该程序。

23.3 设计房门开关程序

在智能家居系统中，开启房门的方式包括指纹解锁和人脸识别等。本案例采用人脸识别技术来执行开启房门的任务。因此，本环节的主要任务如下：在启动电子件模型程序的基础上，如果人脸检测结果为真，则通过房门插销关节移动 35mm 的方式，自动打开房门并等待 5 秒；随后，房门插销关节再移动 −35mm，房门自动关闭。

根据本环节任务画出房门开关程序的流程图，并编写该程序。

23.4 设计窗户开关程序

在智能家居系统中，家具可以通过语音识别技术进行控制。在此情境下，窗户的开关操作就是通过语音识别实现的。因此，本环节的核心任务是在设计房门开关程序的基础上，根据语音识别的结果来控制窗户的开关。具体而言，如果语音识别结果显示"打开窗户"，则驱动窗户插销关节移动 25mm，从而自动打开窗户；若语音识别结果显示"关闭窗户"，则驱动窗户插销关节移动 −25mm，自动关闭窗户。

根据本环节任务画出窗户开关程序的流程图，并编写该程序。

23.5　设计灯的开关程序

在智能家居领域，灯作为家庭的重要组成部分，具有不可替代的地位。它具备通过语音识别技术进行开关控制的功能。本案例将探讨如何利用语音识别技术控制 RGB 灯的开关。因此，本环节的任务是在设计窗户开关程序的基础上，根据语音识别结果来控制 RGB 灯的开关。具体而言，如果语音识别结果包含"开灯"，则 RGB 灯的左灯和右灯将被点亮；如果语音识别结果包含"关灯"，则 RGB 灯的左灯和右灯将熄灭。

设计程序流程图

根据本环节任务画出灯的开关程序的流程图，并编写该程序。

23.6　设计音响开关程序

音响是一套音频系统，其功能是组合发出声音。随着人工智能技术的不断发展，音响设备正变得越来越智能。除了通过声音控制其开关外，人们还可以利用语音识别技术进行点播。本案例将探讨如何通过语音识别技术控制扬声器的开启和关闭，并播放或停止播放音乐。

在设计灯的开关程序的基础上，本环节的任务将进一步涵盖对"打开音响"和"关闭音响"语音识别结果的相应处理。如果语音识别结果中包含"打开音响"的指令，那么扬声器的音乐播放功能将被启动；而如果语音识别结果中包含"关闭音响"的指令，那么扬声器的音乐播放功能将被关闭。

知识点拨

本环节首先在"电子件"指令模块中单击"导入音频"按钮，然后将计算机中的音频素材导入电子件中，如图 23-3 所示。

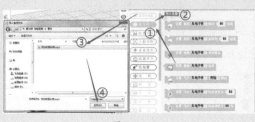

图 23-3

设计程序流程图

根据本环节任务画出音响开关程序的流程图，并编写该程序。

23.7 设计空调开关程序

空调作为家用电器，通常具有制冷和辅热功能，能分别在夏季和冬季为室内提供舒适的环境。本案例的任务是在音响开关程序的基础上设计一款基于语音识别功能的自动开关空调。具体而言，当语音识别结果包含"打开空调"时，电子显示屏应显示 26℃，同时舵机左扇叶应转动 90°，舵机右扇叶应转动 -90°，并启动空调扇叶；而当语音识别结果包含"关闭空调"时，电子显示屏应停止显示温度，同时舵机左扇叶和右扇叶均应回到原点，并关闭空调扇叶。

设计程序流程图

根据本环节任务画出空调开关程序的流程图，并编写该程序。

23.8 仿真测试

调整视角，单击浮动工具栏中的"进入仿真环境"按钮 ⬈，进入虚拟仿真环境，然后单击"启动仿真"按钮 ⏺，查看电脑摄像头能否通过人脸检测打开房门，能否通过语音识别控制室内的窗户、灯、音响和空调，如图 23-4 所示。

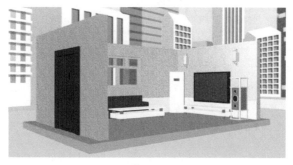

图 23-4

分享交流

智能家居的出现无疑为人们的生活品质带来了显著的提升，它为我们的生活环境提供了安全、便利和舒适的条件。通过本课的学习，我们得以深入理解智能家居的内涵及其对未来生活的影响。我们学会了智能家居的程序流程图的设计和

程序的编写，同时也对人脸识别和语音识别在智能家居中的应用有了更深入的认识。最重要的是，通过虚拟仿真体验，我们亲自感受了智能家居的独特魅力。

想一想，通过本课的学习，你在学习过程中遇到了哪些问题？对于遇到的问题你是怎样解决的？

根据本课的案例学习，你在生活中见过哪些智能家居？发挥自己的想象力，你认为家中的哪些家具可以实现智能化，更能为人们的生活带来安全、舒适和便利？根据自己的实际情况谈谈你对智能家居的理解。

自我评价

根据本课所讲内容的掌握情况，在表 23-2 中相应的"优秀""良好""待提高"位置画√。

表 23-2　评价表

评价内容	优秀	良好	待提高
知道什么是智能家居			
能够理解人脸识别和语音识别技术在人们生活中的作用			
能够理解智能家居程序流程图的设计思路			
能够根据智能家居程序流程图编写智能家居程序			
通过本课的学习解决遇到的问题			

第 24 课

物资分拣

学习目标

- 知道什么是物资分拣。
- 了解物资分拣的意义。
- 能够利用流程图常用符号设计物资分拣各个任务的程序流程图。
- 能够结合物资分拣的各个任务程序流程图编写物资分拣程序。

学习重点

能够设计物资分拣程序流程图和编写物资分拣程序。

案例介绍

　　物资分拣是物流系统中不可或缺的重要环节，其主要任务是将来自不同地区的物品按照特定的类别和规格进行分类整理，并依据配送指令将这些物品精准地送达到相应的目的地。鉴于物流涉及的商品种类繁多、规格各异、数量庞大，这就需要一种高效且可靠的物资自动分拣系统来确保货物的有效管理和迅速准确的配货作业。这种自动分拣系统已经取代了传统的人工分拣方式，显著提高了物资分拣工作的效率。在本课中，我们将利用 3D One AI 图像识别技术中的条形码识别功能，设计并制作一款物资分拣系统。仿真环境如图 24-1 所示。

图 24-1

任务描述：启动仿真，各类物资会通过传送带传送至摄像头，进行分类后，再传送至相应的收纳盒中。最后，吸盘搬运车将对这些已分类的物资进行运输，将它们送至相应的存储区域。

本案例所涉及的电子件模型如表 24-1 所示。

表 24-1　电子件模型

电子件类型	电子件名称	用途
电子件	马达	启动物资分拣设备中的传送带
	虚拟摄像头	识别物资条形码信息
	电子显示屏	显示物资信息
	真空吸盘	吸附物资收纳盒
关节	插销关节	控制吸盘搬运车升降台升降和将分拣的物资推到另外一个传送带上

24.1　打开文件

启动 3D One AI，打开"物资分拣.Z1AI"文件，如图 24-2 所示。

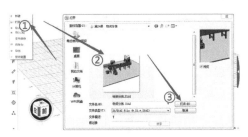

图 24-2

24.2 设计物资分拣程序

物资分拣是指将不同类别的物资进行系统化的分类，是本案例中至关重要的一个环节。为了在 3D One AI 中进行物资分拣的虚拟仿真模拟，我们采用了图像识别领域的识别二维码技术。通过虚拟摄像头的扫描，对物资的二维码进行识别，并根据识别结果自动进行分类。

在启动仿真后，应依次执行以下任务：开启虚拟摄像头、启动电子显示屏，并将马达 1 和马达 2 的转动速度设置为 3。随后，启动条形码识别功能。根据条形码识别结果的不同，执行以下操作。

1. 如果识别结果中包含衣服，则在电子显示屏上显示"衣服"，并等待 1 秒。

2. 如果识别结果中包含鞋子，则在电子显示屏上显示"鞋子"，并等待 1 秒。

3. 如果识别结果中包含方便面，则在电子显示屏上显示"方便面"，并先后移动助力插销关节 25mm 和 −25mm。

4. 如果识别结果中包含蔬菜，则在电子显示屏上显示"蔬菜"，并先后移动助力插销关节 25mm 和 −25mm。

5. 如果识别结果为空，则在电子显示屏上显示内容消失。

设计程序流程图

根据本环节任务画出启动物资分拣程序的流程图，并编写该程序。

24.3 设计吸盘搬运车行驶程序

在物资分拣搬运过程中，吸盘搬运车在物流分拣操作间频繁行驶。为了模拟吸盘搬运车行驶，我们采用键盘按键来控制车辆行驶。

本环节的任务是新建一个控制页面，当键盘上的 W 键被按下时，车身将以 5cm/s 的速度向前移动；若按下 S 键，则车身将以相同的速度向后移动。此外，如果按下 A 键，车身将向左旋转 5°；若按下 D 键，车身将向右旋转 5°。

设计程序流程图

根据本环节任务画出吸盘搬运车程序的流程图，并编写该程序。

24.4 设计吸盘搬运车夹取物资程序

在运输物资过程中，吸盘搬运车需要操作升降台以调整物资的高度，包括抬高和降低操作。在这种情况下，为了模拟吸盘搬运车的升降台升降和吸盘的开关操作，我们可以通过键盘按键来控制升降台的升降以及吸盘的开启和关闭。

本环节的任务是新建一个控制页，如果按下方向键↑，升降台的升降插销关节将移动 5mm；如果按下方向键↓，升降台的升降插销关节将移动 -5mm；如果按下 Enter 键，将开启真空吸盘；如果按下空格键，将关闭真空吸盘。

设计程序流程图

根据本环节任务画出吸盘搬运车升降台升 / 降和吸盘的开 / 关程序的流程图，并编写该程序。

24.5 仿真测试

调整视角，单击浮动工具栏中的"进入仿真环境"按钮 ⬆，然后单击"启动仿真"按钮 ⏺，检查传送带是否能够正常传送物资，电子显示屏是否能够准确显示物资信息，虚拟摄像头是否具备物资二维码识别和分拣功能。同时，若按下键盘按键，吸盘搬运车是否能够实现行驶、升降台的升降以及吸盘的开关等动作。仿真环境如图 24-3 所示。

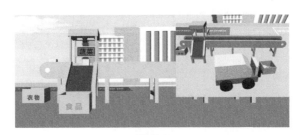

图 24-3

分享交流

在物流和工业领域，自动化的物资分拣系统已经得到了广泛的应用，这些系统极大地减少了人力需求，并显著提高了物资分拣工作的效率。通过本课的学习，我们深入理解了物资分拣的重要性，并掌握了图像识别技术中的条形码识别应用。同时，我们还了解了物资分拣的工作流程和意义，并学会了绘制物资分拣程序流程图和编写物资分拣程序。

思考与分享

想一想，通过本课的学习，你在学习的过程中遇到了哪些问题？对于遇到的问题你是怎样解决的？

根据本课的案例学习，在仿真过程中，使用键盘按键控制吸盘搬运车将分拣的物资搬运到相应的存储区，通过实操，谈谈自己对物资分拣的看法。

根据本课所讲内容的掌握情况，在表 24-2 中相应的"优秀""良好""待提高"位置画√。

表 24-2　评价表

评价内容	优秀	良好	待提高
知道什么是物资分拣以及物资分拣的意义			
能够理解图像识别中的条形码识别在物资分拣中的作用			
能够理解物资分拣程序流程图的设计思路			
能够根据物资分拣程序流程图编写物资分拣程序			
通过本课的学习解决遇到的问题			
能够通过吸盘搬运车将分拣的物资搬运到指定的存储区域，并且能够发表自己对物资分拣的看法			

附录

第4篇的流程图及程序

1. 第21课的流程图及程序（见图附-1和图附-2）

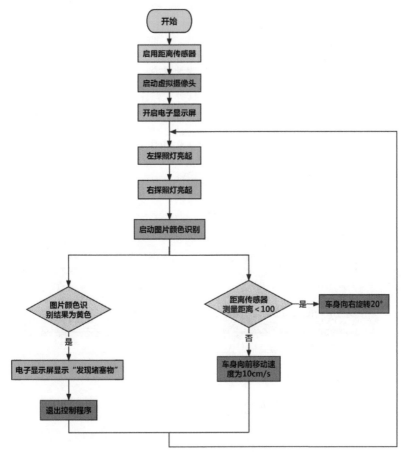

图附-1　第21课的流程图

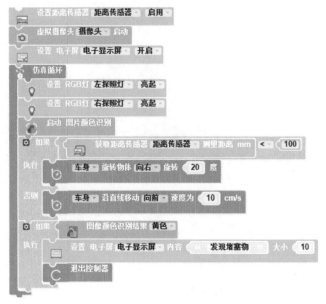

图附 -2　第 21 课的程序

2. 第 22 课的流程图及程序

（1）绿车行驶的流程图及程序（见图附 -3 和图附 -4）。

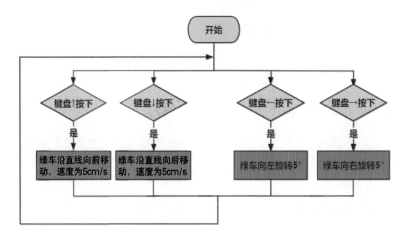

图附 -3　绿车行驶的流程图

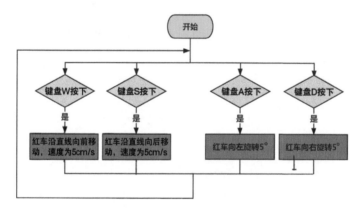

图附 -4 绿车行驶的程序

（2）红车行驶的流程图及程序（见图附 -5 和图附 -6）。

图附 -5 红车行驶的流程图

图附 -6 红车行驶的程序

（3）车辆进出停车场的流程图及程序（见图附 -7 和图附 -8）。

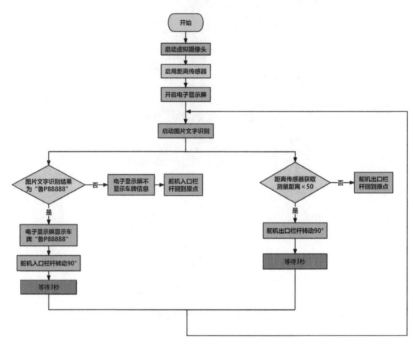

图附 -7　车辆进出停车场的流程图

图附 -8　车辆进出停车场的程序

3. 第23课的流程图及程序（见图附-9和图附-10）

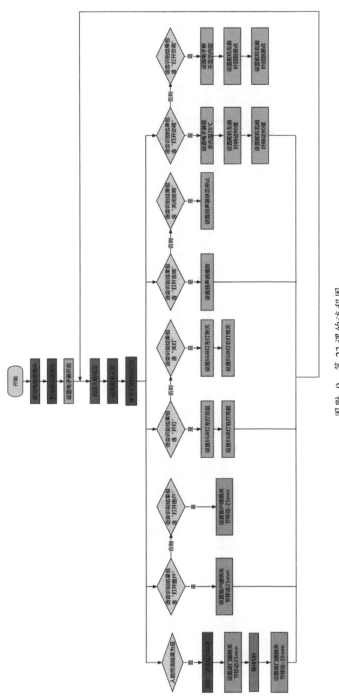

图附-9 第23课的流程图

图附 -10　第 23 课的程序

4. 第 24 课流程图及程序

（1）物资分拣流程图及程序（见图附 -11 和图附 -12 ）。

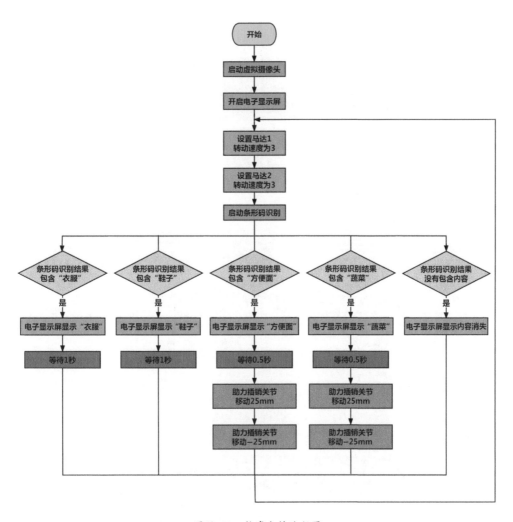

图附 -11　物资分拣流程图

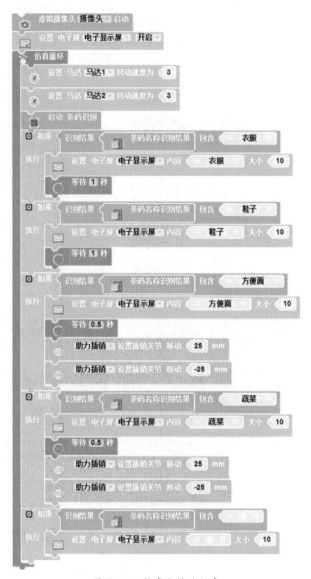

图附 -12 物资分拣的程序

（2）吸盘车行驶流程图及程序（见图附 -13 和图附 -14）。

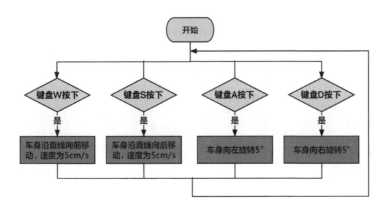

图附 -13　吸盘车行驶的流程图

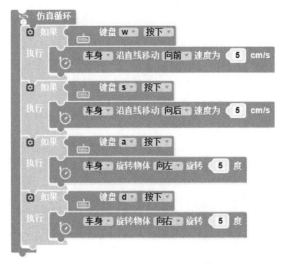

图附 -14　吸盘车行驶的程序

（3）吸盘车夹取物资流程图及程序（见图附 -15 和图附 -16 ）。

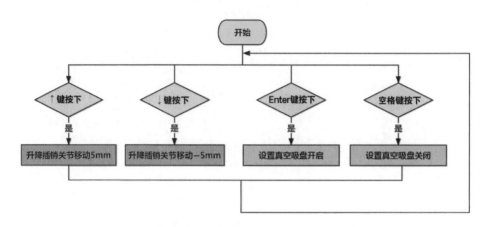

图附 -15　吸盘车夹取物资的流程图

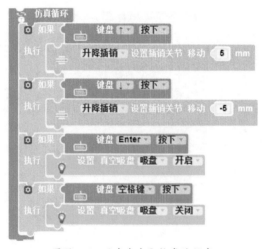

图附 -16　吸盘车夹取物资的程序